Werner Gruber, Natascha Riahi, Christian Rupp

Illustrationen von Steffie Becker

Die Reise der kleinen Sonne

Märchensammlung zur naturwissenschaftlichen Bildung für Kinder von 4 bis 7

1. Auflage

Bestellnummer 50091

Bildungsverlag EINS
a Wolters Kluwer business

Haben Sie Anregungen oder Kritikpunkte zu diesem Buch?
Dann senden Sie eine E-Mail an BV50091@bv-1.de
Autoren und Verlag freuen sich auf Ihre Rückmeldung.

Sie finden uns im Internet unter:
www.bildungsverlag1.de
www.bildung-von-anfang-an.de

Bildungsverlag EINS
Sieglarer Straße 2, 53842 Troisdorf

ISBN 978-3-427-**50091**-9

Vorwort

„Die Reise der kleinen Sonne“ richtet sich an Erzieherinnen,* Eltern und vor allem an neugierige, entdeckungsfreudige Kinder, die nach Antworten auf all ihre Fragen suchen. Mit diesem Märchenbuch ist eine elementare Verknüpfung der wichtigsten Säulen frühpädagogischer Bildung und Erziehung gelungen. Durch die Verbindung von Naturwissenschaften und Märchen, die sich mit Themen wie Wasser, Licht und Sterne an den Erfahrungen der Kinder orientieren, werden die Kinder einerseits angeregt, ihre Phantasie und Kreativität walten zu lassen und sich andererseits konkret mit Wissen und naturwissenschaftlichen Erkenntnissen auseinander zu setzen.

Die einzelnen Märchen greifen grundlegende Interessen der Kinder auf, sie fördern Basiskompetenzen wie personale und soziale Kompetenzen, sie regen an und setzen Impulse, das Lernen zu lernen – mit Freude und Neugierde – und sie bestärken die Kinder auch, mit schwierigen Situationen und ungelösten Fragen umgehen zu können. Die Geschichten dienen einer kindgerechten Sprach- und Kommunikationsförderung, und sie führen die Kinder in die fantastische Welt der Bücher ein.

Für den Einsatz des Märchenbuchs im Kindergarten eignet sich zusätzlich das „Praxisbuch für Erzieherinnen“. Durch die bildungsübergreifenden Projektvorschläge im Praxisbuch wird eine Brücke geschlagen zwischen spielerischer Frühförderung und der Hinführung zu konkretem nachhaltigem Lernen von Anfang an.

Außerdem wird den Kindern ein kreativer und effektiver Zugang zur Bildungsarbeit vermittelt, der in seiner Nachhaltigkeit des Wissenserwerbs ein lebenslanges Fundament setzen kann. Das Zusammenspiel von naturwissenschaftlich-mathematischer und technischer Auseinandersetzung, Sprachförderung, Bewegungserziehung, künstlerischem Gestalten, musikalischer Förderung, durchwoben mit Werteorientierung und Emotionalität, bis hin zu philosophischen Betrachtungsweisen, runden eine qualifizierte Bildungsarbeit im Elementarbereich ab.

Dagmar Winterhalter-Salvatore

Bestellnummer: 50092
Preis: € 14,90

* Aus Gründen der besseren Lesbarkeit wird in diesem Buch nur die feminine Berufsbezeichnung verwendet. Selbstverständlich sind gleichzeitig immer auch alle männlichen Erzieher angesprochen.

Inhalt

Die Reise der kleinen Sonne

Werner Gruber

Es war einmal vor langer Zeit eine kleine Sonne. In einer klaren Nacht konnte man sie von der Erde aus gerade noch als ein kleines Pünktchen neben den anderen tausenden und abertausenden funkelnden Sonnen am Himmel sehen. Diese kleine Sonne leuchtete genauso stark wie die Sonne, die wir an schönen Tagen am Himmel sehen, aber da sie so weit entfernt war, sah man diese Sonne nur als kleines Pünktchen.

Diese kleine Sonne war nicht allein. Es gab noch ihren großen, mürrischen und meist schweigsamen Bruder. Beide umkreisten einander. Von der kleineren der beiden Sonnen soll die folgende Geschichte handeln ...

Die kleine Sonne und der große Bruder

Die kleine Sonne war lebhaft und wissbegierig. Sie stellte immer neue Fragen. Doch der große Bruder hatte keine Lust, der kleinen Sonne auf alle Fragen zu antworten. Über viele Dinge in den Weiten des Weltalls wusste er selbst nicht Bescheid.

„Großer Bruder", bat ihn die kleine Sonne, „so sag mir doch, wie weit der nächste andere Stern entfernt ist."

„Mir doch egal", brummte der große Bruder missmutig.

Aber die kleine Sonne ließ nicht locker: „Weißt du, wie viele Sterne es gibt?", fragte die kleine Sonne weiter.

„Viel zu viele", erhielt sie als Antwort.

„Gibt es im Universum noch etwas anderes als Sterne?", fragte die kleine Sonne weiter.

„Wozu willst du das wissen?", entgegnete der große Bruder. „Wir sind Sterne. Unsere einzige Aufgabe ist es zu leuchten."

Da schwieg die kleine Sonne enttäuscht. Sie hatte noch so viele Fragen. Sehnsüchtig blickte sie ins Universum hinaus. Da gab es Nebel, die in allen Farben schillerten. Von Zeit zu Zeit blitzte ein Stern hell auf, wurde dann wieder dunkler, um nach einer Weile erneut aufzuleuchten. Wenn die kleine Sonne die Augen fest zusammenkniff, konnte sie eine große Gruppe sehr weit entfernter Sterne sehen.

Nach einiger Zeit fragte die kleine Sonne wieder: „Bitte, lieber großer Bruder, könntest du mir sagen, warum manche Sterne rot leuchten und andere blau?" Sie bekam wieder nur ein missmutig gebrummtes „Mir doch egal" zur Antwort. Da schrie sie ihren großen Bruder an: „Immer bist du schlecht gelaunt und unfreundlich. Auf all meine Fragen bekomme ich nur dein ärgerliches Gebrumm zur Antwort. Du erzählst mir nichts über das Funkeln des Universums. Es gibt noch so vieles, was ich wissen möchte, aber ich erfahre nichts von dir. Einzig und allein dein Leuchten ist dir wichtig."

Der große Bruder hätte mit den Schultern gezuckt, wenn er welche gehabt hätte. „Mir genügt es eben zu leuchten, kleine Sonne. Was da draußen funkelt und blinkt, kümmert mich nicht. Lass mich in Ruhe und sieh dir das Universum selbst an."

Auf diese Idee war die kleine Sonne noch gar nicht gekommen. Es verlockte sie sehr, durch die Weiten des Universums zu reisen. Es könnte eine spannende Reise voller Überraschungen werden. Aber ob eine solche Reise nicht auch recht gefährlich war? Schließlich wäre sie allein, zum ersten Mal getrennt von ihrem großen Bruder. Die kleine Sonne schluckte. Bei ihm fühlte sie sich sicher und im Grunde mochte sie ihn sehr, auch wenn er oft schlecht gelaunt war. Doch schließlich fasste sich die kleine Sonne ein Herz und sprach zu ihrem großen Bruder: „Ich habe dich schrecklich lieb, auch wenn du oft so schlecht gelaunt bist. Aber ich verlasse dich nun, um mir das Universum anzusehen."

Die kleine Sonne entfernte sich ein wenig von ihm. Der große Bruder wirkte noch griesgrämiger als gewöhnlich. Schon bald war die kleine Sonne weit weg. Sie schaute zum großen Bruder zurück, der ihr nachsah. Insgeheim bewunderte der große Bruder sie dafür, dass sie den Mut aufbrachte, das Universum allein zu bereisen. Aber er hatte auch Angst um die kleine Sonne, weil er die Gefahren des Universums kannte. Er wusste, dass es dort draußen viel Neues zu entdecken gab. Aber er hatte es immer für viel zu gefährlich gefunden, seinen Platz zu verlassen. Er rief der kleinen Sonne nach: „Auch ich liebe dich, kleine Sonne. Pass gut auf dich auf und erstrahle so schön du nur kannst, wie ich es dich gelehrt habe." So begann die Reise der kleinen Sonne durch das Universum.

Die kleine Sonne und der planetarische Nebel

Die kleine Sonne sah sich um. Ein rot-blau schimmernder Nebel in der Ferne gefiel ihr besonders gut. Auf ihn steuerte sie nun zu. Die Strahlen des großen Bruders wurden immer schwächer und bald sah sie ihn nur noch als Punkt am Sternenhimmel. Nun war die kleine Sonne ganz allein im weiten Universum. Sie begann ein wenig zu frieren, denn sie vermisste die Strahlen des großen Bruders. Alle anderen Sonnen waren sehr weit weg von ihr. Sie war vom großen Nichts umgeben.

Da wurde es der kleinen Sonne ein wenig bang. Doch sie überwand ihre Angst und steuerte weiter auf den Nebel zu. Als die kleine Sonne dem Nebel näher kam, wurde sein Leuchten immer strahlender und bunter. Wo sie vorher nur rote Flecken gesehen hatte, schillerte der Nebel nun in vielen Farben, vom zarten Rosa bis zum tiefen dunklen Rot. Dazwischen erstreckten sich Bänder in strahlendem Blau mit leuchtend orangefarbenen Enden und inmitten befand sich ein winziger weißer Punkt. In seiner ganzen Pracht lag der Nebel nun vor ihr. Wohin sie auch blickte, glitzerte und glänzte es. „Oh, wie schön", hauchte die kleine Sonne. Sie flog in den Nebel hinein und wollte eines der glitzernden blauen Bänder näher betrachten. Da hörte sie ein leises Wispern: „Wer bist denn du?"

Die kleine Sonne drehte sich um. Weit und breit sah sie keinen anderen Stern. Da wurde es der kleinen Sonne etwas unheimlich zumute, doch sie antwortete tapfer: „Ich bin die kleine Sonne." Etwas zaghafter setzte sie hinzu: „Aber wer bist du? Ich kann dich nicht sehen. Wo versteckst du dich?"

Wieder erhielt sie ein Wispern als Antwort: „Hab keine Angst, kleine Sonne. Ich bin der große planetarische Nebel, der dich umgibt."

„Du bist so wunderschön", antwortete die kleine Sonne, die sich nun nicht mehr fürchtete. „Schon von Weitem habe ich dich leuchten sehen. Deshalb bin ich gekommen, um dich näher zu betrachten. Ich möchte gerne wissen, was der kleine weiße Punkt in deiner Mitte ist."

Da erklärte der planetarische Nebel: „Es ist schon lange her, da war ich Teil einer großen roten Sonne. Die Sonne unternahm weite Reisen. Sie sah viel vom Universum und erlebte erstaunliche Dinge. Als die

Sonne alt wurde, wollte sie noch einmal zeigen, wie prächtig sie leuchten konnte. Sie begann zu explodieren."

Die kleine Sonne hatte dem Nebel aufmerksam zugehört. „Explodieren?!", unterbrach sie ihn, „aber das tut doch weh!"

Der planetarische Nebel lachte. „Kleine Sonne, kleine Sonne", wisperte er ihr zu, „du weißt wirklich nicht viel vom Universum. Viele alte Sonnen explodieren. Sie stoßen alles Überflüssige von sich. Es ist für sie wie eine Diät. Nur das Innerste bleibt übrig, alles andere verteilt sich über einen großen Raum. So bin auch ich entstanden. Der funkelnde weiße Stern im Inneren ist das Überbleibsel der großen roten Sonne. Er ist schon sehr alt und gebrechlich. Man nennt ihn einen weißen Zwerg, doch das hört er gar nicht gerne ..."

„Bitte", fiel ihm die kleine Sonne aufgeregt ins Wort, „kann ich mit dem alten Stern reden?"

„So, so, mit dem alten Stern willst du also sprechen? Ich fürchte nur, daraus wird nichts. Er hat schon lange kein Wort mehr gesagt."

„Bitte, bitte!", sagte die kleine Sonne. Sie sah recht flehentlich drein, auch wenn sie nicht genau wusste, wohin sie blicken sollte.

„Also gut", ließ sich der planetarische Nebel erweichen, und er machte der kleinen Sonne den Weg zu seiner Mitte frei.

Als sie in der Mitte angelangt war, näherte sie sich dem kleinen funkelnden Stern vorsichtig, um ihn nicht zu erschrecken. Der alte Stern drehte sich der kleinen Sonne zu und fragte: „Was willst du junges Ding?"

„Ich bin die kleine Sonne und möchte das Universum erforschen", antwortete diese artig.

Der alte Stern nickte: „Schaue es dir nur ruhig an, das Universum. Du wirst viel Schönes sehen, aber hüte dich vor schwarzen Löchern! Sie sind eine große Gefahr. Wenn man sie erkennt, ist es meist schon zu spät. Nun lass mich weiter schlafen, kleine Sonne!"

Da blieb der kleinen Sonne nichts anderes übrig, als durch den planetarischen Nebel wieder zurückzuwandern. „Was sind schwarze Löcher?", fragte sie ihn.

„Ich weiß es nicht", wisperte er. „Als die große rote Sonne ein schwarzes Loch sah, gab es mich noch nicht. Aber ich bekomme jedes Mal Angst, wenn der alte Stern über schwarze Löcher spricht. Pass nur gut auf dich auf, kleine Sonne. Ich wünsche dir noch eine schöne Reise durch das Universum."

„Danke, großer planetarischer Nebel. Lebt wohl, es war schön bei euch", verabschiedete sich die kleine Sonne.

Die kleine Sonne und der braune Zwerg

Die kleine Sonne war noch nicht lange unterwegs, da sah sie weit in der Ferne ein helles Licht. In seiner Nähe sammelten sich viele Sterne. Neugierig machte sie sich auf den Weg. Plötzlich hörte sie eine traurige Stimme: „Hallo Sonne, was führt dich hierher?“

Die kleine Sonne blieb stehen. Doch so sehr sie sich auch bemühte, sie sah niemanden. „Ich bin die kleine Sonne und erforsche das Universum. Wer bist du, und wo kann ich dich finden?“, rief sie.

Die Antwort schien direkt aus dem Nichts zu kommen: „Ich bin ein brauner Zwerg und freue mich sehr, dich kennen zu lernen.“

„Ich möchte mich gerne mit dir unterhalten, brauner Zwerg. Sag mir nur bitte, wo du bist“, bat die kleine Sonne.

„Ich bin hier, direkt vor dir. Nahe genug, um zu sehen, was für ein erstauntes Gesicht du machst. Du kannst mich nicht sehen, weil ich viel zu schwach bin, um selbst zu leuchten. Wenn du mich zu Gesicht bekommen willst, musst du näher zu mir kommen. Dann stehe ich in deinem Licht.“

Die kleine Sonne machte einen Schritt in die Richtung, aus der die Stimme gekommen war. Vorsichtig wagte sie auch noch einen weiteren Schritt. Sie wollte nicht mit dem braunen Zwerg zusammenstoßen.

„Hier bin ich. Warum zögerst du?“ Die Stimme klang so ungeduldig, dass die kleine Sonne misstrauisch wurde. Der kleinen Sonne kam ein arger Verdacht. Sie verharrte regungslos.

„Woher soll ich wissen, dass du kein schwarzes Loch bist?“, fragte sie.

„Gerade ich, der ich so klein und schwach bin, sollte ein mächtiges schwarzes Loch sein? Alle übersehen mich, weil ich nicht einmal leuchten kann. Machst du dich über mich lustig, weil ich zu klein geraten bin?“ Die Stimme vor ihr klang recht gekränkt.

„Aber nein, ich wollte mich bestimmt nicht über dich lustig machen, aber ich weiß nicht viel vom Universum“, antwortete die kleine Sonne.

„Du hast wirklich geglaubt, ich bin ein schwarzes Loch?“ Die Stimme kicherte vor sich hin. „Liebe kleine Sonne, du musst wissen, das ist das Lustigste, das mir je passiert ist. Ich fühle mich sehr geschmeichelt.“

Da fasste die kleine Sonne endlich Vertrauen und machte einen weiteren Schritt nach vorne. Ihre Strahlen erreichten eine dunkle schmutzige Kugel, nicht halb so groß wie sie selbst. So konnte die kleine Sonne den braunen Zwerg endlich sehen. „Oh, ist das schön,

wenn du mich anstrahlst!“, sagte der braune Zwerg. „So kann ich endlich auch ein wenig leuchten, und alle Sterne rundherum sehen mich. Durch deine Strahlen wird mir schön warm. Wenn ich allein bin, friere ich immer so sehr.“

„Zu schade, dass du selbst nicht leuchten kannst“, meinte die kleine Sonne mitfühlend. „Woraus bist du denn gemacht?“

„Aus Wasserstoff“, antwortete der braune Zwerg.

„Aber das bin ich doch auch!“, rief die kleine Sonne überrascht. „Ich werde dir beibringen, wie man leuchtet“, erklärte sie eifrig. „Wasserstoff ist das leichteste Material das es gibt. Du musst ihn nur so lange zusammendrücken, bis das schwerere Helium entsteht. Dadurch strahlst du und dir wird gleich viel wärmer.“ Die kleine Sonne hatte gar nicht bemerkt, welch ein trauriges Gesicht der braune Zwerg bei ihrer Erklärung machte.

„Ich kann meinen Wasserstoff nicht stark genug zusammendrücken, weil ich viel zu leicht bin und keine Sonne mir von ihrem Wasserstoff etwas abgibt!“, rief er dazwischen.

Die kleine Sonne schwieg betroffen. „Ich wollte nur helfen“, sagte sie kleinlaut.

„Ist schon gut“, erwiderte der braune Zwerg. „Ich weiß ja, dass die Sonnen mir nichts von ihrem Wasserstoff abgeben können. Sie könnten sonst selbst nicht mehr leuchten. Es freut mich, dass du so eine liebe Sonne bist und mir helfen willst.“

Die kleine Sonne war sehr traurig, dass sie dem braunen Zwerg nicht helfen konnte. Sie grübelte eine Weile. Da hatte sie einen Einfall: „Ich habe einen freundlichen planetarischen Nebel kennen gelernt, der hat Wasserstoff im Überfluss. Wenn du ihn höflich bittest, gibt er dir bestimmt so viel Wasserstoff, wie du brauchst, um selbst zu leuchten. Dann ist dir endlich nicht mehr kalt und du strahlst wie alle anderen Sterne auch.“

„Ich werde ihn aufsuchen“, entschloss sich der braune Zwerg. „Denn selbst zu leuchten ist mein größter Wunsch.“ Die kleine Sonne zeigte dem braunen Zwerg, wo sich der Nebel befand. „Es war sehr schön, von dir bestrahlt zu werden“, sagte der braune Zwerg und schmiegte sich zum Abschied an die kleine Sonne. „Gute Reise und danke für deinen Rat.“

„Gern geschehen“, erwiderte die kleine Sonne. „Bald wirst auch du eine funkelnde Sonne sein. Ich werde nach deinem Strahlen im Nebel Ausschau halten.“

So trennten sich die Wege der kleinen Sonne und des braunen Zwergs. Der braune Zwerg bewegte sich zum planetarischen Nebel, und die kleine Sonne setzte ihren Weg zu dem großen Licht fort.

Weiter und weiter wanderte die kleine Sonne. Es schien ihr, als sei die Ansammlung der Sonnen, auf die sie zusteuerte, kaum näher gerückt. Wie mochte es dem braunen Zwerg wohl ergangen sein? Zum wiederholten Male drehte sie sich zum planetarischen Nebel um. „Beeil dich doch, brauner Zwerg“, murmelte sie vor sich hin. „Schon bald bin ich zu weit weg, um den planetarischen Nebel zu beobachten.“ Da sah die kleine Sonne, wie ein Stück des Nebels verschwand. An seiner Stelle erstrahlte ein heller funkelnder Stern. „Bravo!“, jubelte die kleine Sonne. So sehr freute sie sich für den braunen Zwerg. Nun war auch er eine Sonne.

Die kleine Sonne und die Planeten

Lange schon war die kleine Sonne zum großen Licht unterwegs. Mit der Zeit fing sie an, sich einsam zu fühlen. Sie vermisste ihren großen Bruder. Die kleine Sonne sah auf ihrem Weg weder nach links noch nach rechts, nicht nach oben und nicht nach unten, so sehr war sie in ihre Gedanken versunken.

„He, du da, pass doch auf! Du bringst meine Planeten ganz durcheinander!“, ertönte da eine laute Stimme neben ihr.

Die kleine Sonne blieb stehen und blickte sich verdutzt um. In einiger Entfernung sah sie eine kräftige, grimmig dreinblickende Sonne, um die gar wunderliche Kugeln kreisten. „Entschuldige die Störung, ich bin die kleine Sonne“, gab die kleine Sonne zur Antwort. „Ich befinde mich auf der Durchreise. Ich möchte dir und deinen Planeten nicht schaden, wer immer diese auch sein mögen.“

„Kein Wunder, dass du so achtlos durch das Universum tappst, wenn du nicht einmal weißt, was Planeten sind“, brummte die große Sonne. „All die Kugeln, die mich umkreisen, sind meine Planeten. Weil ich so schwer bin, kann ich sie festhalten und sie bleiben bei mir. Nicht jede Sonne hat so prächtige Begleiter. Schau sie dir nur genau an.“

Ehrfürchtig bestaunte die kleine Sonne die Planeten aus der Ferne. Da gab es große und kleine, graue, rote und gelbe Planeten. „Bestimmt macht es Spaß, die vielen Kugeln und Kügelchen um sich zu haben und mit ihnen zu spielen.“

„Planeten zu haben, ist kein Spaß, sondern eine große Verantwortung“, wies die große Sonne sie zurecht. „Kannst du dir überhaupt vorstellen, wie viel Mühe es macht, sie alle auf ihren Bahnen zu halten?

Ich muss immerzu darauf achten, dass sie nicht zusammenstoßen. Die Planeten würden sich arg dabei verletzen."

„Gibt es noch andere Sonnen mit Begleitern?", fragte die kleine Sonne neugierig.

„Um viele Sonnen kreisen Planeten, aber nur auf wenigen davon gibt es Lebewesen. Diese Planeten sind eine seltene Kostbarkeit."

„Besitzt du einen solchen Planeten?", wollte die kleine Sonne wissen. „Ist es vielleicht der hübsche blaue mit den grünen Tupfen?"

„Du hast richtig geraten, kleine Sonne. Du bist doch nicht so einfältig, wie ich geglaubt habe. Auf diesen blauen Planeten muss ich besonders aufpassen. Ich darf nicht zu viel und nicht zu wenig leuchten. Denn es schadet den Lebewesen, wenn es zu heiß oder zu kalt auf ihrem Planeten wird."

„Deine Planeten und ihre Bewohner sind das Aufregendste, dem ich bisher bei meiner Reise durch das Universum begegnet bin", sagte die kleine Sonne. „Ich will nun weiterziehen und wünsche noch gesundes Strahlen."

Die große Sonne war sehr geschmeichelt. „Es freut mich, dass meine Planeten dir gefallen. Ich wünsche dir noch eine gute Reise."

Die kleine Sonne und der Komet

Die kleine Sonne wollte sich entfernen, da sah sie zwischen den Planeten ein kleines Lichtpünktchen, das auf sie zukam. Es zog einen bläulich leuchtenden Nebel hinter sich her. „Halt, halt, warte noch", rief das Pünktchen. „Ich muss mit dir sprechen, es ist sehr wichtig."

„Wer bist du kleines Pünktchen und worüber willst du mit mir sprechen?"

„Ich bin ein Komet", lautete die Antwort. „Ich umrunde die Sonne. Nenne mich bitte nicht Pünktchen, denn der Stolz eines Kometen ist sein Schweif."

„Ist das der Nebel, den du hinter dir herziehst?", fragte die kleine Sonne.

„Ja", antwortete der Komet. „Du solltest sehen, wie schön er leuchtet, wenn ich an der Sonne vorbeifliege."

„Wie kommst du denn zu deinem Schweif?", erkundigte sich die kleine Sonne.

„Ich bestehe aus Eis. Jedes Mal, wenn ich an der Sonne vorbeifliege, verdampft ein wenig von mir. Dies ist der Nebel, den ich hin-

ter mir herziehe." Der Komet flog noch immer auf die kleine Sonne zu.

„Hast du denn keine Angst, dich so weit von deiner Sonne wegzubewegen?", wollte die kleine Sonne wissen.

„Aber nein", antwortete der Komet, „ich fliege immer so weit von der Sonne weg, bis sie mich wieder zu sich holt. Dann führt mein Weg ganz nah an den Planeten vorbei."

„Das hört sich nach einem lustigen Leben an", meinte die kleine Sonne.

„Ich kann mich nicht beklagen", antwortete der kleine Komet. „Doch habe ich einen großen unerfüllten Wunsch. Um diese Sonne fliegt auch eine Kometin. Ihr Schweif ist viel schöner als meiner, und sie glitzert wunderbar. Aus der Ferne lächelt sie mir oft zu. Leider können wir uns nie begegnen. Denn wenn ich in der Nähe der Sonne bin, ist sie weit weg. Und wenn sie zur Sonne kommt, bin ich längst fort. Dabei würden wir uns so gerne treffen und gemeinsam um die Sonne fliegen. Liebe kleine Sonne, willst du uns helfen?"

„Was kann ich für euch tun?", fragte die kleine Sonne.

„Wenn du nur einen winzigen Schritt auf mich zumachst, kannst du mich an dich ziehen. Während ich dich umrunde, hat die Kometin Zeit, auf uns zuzufliegen. Am Ende meiner Runde könnten wir uns endlich treffen."

Die kleine Sonne tat, worum der Komet sie gebeten hatte. Sie machte einen Schritt nach vorne. Der Komet wurde immer größer. Sein Schweif leuchtete hell auf, als er dicht bei ihr vorbeiflog. Der Komet machte einen Bogen um die kleine Sonne. Da sah sie auch schon die Kometin, die auf sie zuflog.

„Ist sie nicht schön?", hörte die kleine Sonne den Kometen hinter sich seufzen. „Sieh doch, wie lieb sie lächelt." Der Komet hatte seine Runde beendet. Er kam hinter der kleinen Sonne hervor. Sie sah ihn auf die große Sonne zusteuern, seiner Kometin entgegen.

„Viel Glück", rief die kleine Sonne den beiden zu. Die beiden Kometen kamen einander immer näher. Einen kurzen Moment lang berührten sie einander. Ihre Schweife leuchteten herrlich, als sie sie übereinander legten.

„Danke, kleine Sonne, das werden wir dir nie vergessen!", riefen sie und flogen gemeinsam der großen Sonne zu.

Die kleine Sonne und das böse schwarze Loch

Die kleine Sonne setzte ihren Weg durch das Universum fort. Immer näher kam sie dem hellen Licht, um das sich viele glitzernde Sonnen drängten. Sie erkannte, dass all die Sonnen sich um das helle Licht in ihrer Mitte drehten. „Diese Sonnen wissen sicher viel über das Universum," dachte sie. Da bemühte sich die kleine Sonne um ihr schönstes Leuchten. Schließlich wollte sie sich von ihrer strahlendsten Seite zeigen, wenn sie vor die mächtigen Sonnen trat. Die kleine Sonne spürte eine starke Anziehung. Ohne Anstrengung glitt sie auf das helle Licht zu. Ein Nebel vollführte einen Tanz rund um das helle Licht, dicht gefolgt von einem braunen Zwerg. Die Kreise des Nebels wurden enger und enger, und ein wundervolles Leuchten ging von ihm aus. Da ertönte eine mächtige Stimme: „Da bist du ja, kleine Sonne, ich habe schon auf dich gewartet. Komm näher, damit wir uns unterhalten können."

Die kleine Sonne war sehr stolz. Das mächtige helle Licht kannte sie persönlich. „Wer bist du? Woher kennst du mich? Was weißt du über das Universum? Weißt du auch, wie es meinem Bruder geht?"

„Ich bin das Zentrum der Galaxie. Ich weiß alles über das Universum. Ich gebiete über alle Sonnen. Dich habe ich schon aus weiter Ferne gesehen. Komm näher und fürchte dich nicht."

Die kleine Sonne war begeistert, das Zentrum der Galaxie kennen zu lernen. Sie konnte es kaum erwarten, alle Geheimnisse des Universums zu erfahren. „Wenn du erst nahe genug bist, beantworte ich all deine Fragen. Auch von deinem großen Bruder will ich dir erzählen", lockte das Zentrum der Galaxie. Immer näher kam die kleine Sonne. Da wurde es schlagartig völlig schwarz vor ihren Augen. Die kleine Sonne erschrak und wollte umkehren. Aber ihre Kraft reichte nicht aus. So stark wurde sie in das Zentrum hineingezogen. Die Warnung des weißen Zwergs fiel ihr wieder ein. „Wenn man ein schwarzes Loch entdeckt hat, ist es meist schon zu spät." Noch einmal versuchte sie, einen Schritt zurück zu machen. Doch so sehr sich die kleine Sonne auch anstrengte, sie konnte sich nicht mehr vom Zentrum entfernen.

Die kleine Sonne rief voller Verzweiflung: „Lass mich doch gehen! Ich weiß, dass du ein schwarzes Loch bist. Ich habe nichts Böses getan und wollte nur das Universum erforschen."

„Ich lasse niemanden frei! Ich bin ein schwarzes Loch und verschlinge alles. Dadurch werde ich immer größer und mächtiger", brüllte das Zentrum der Galaxie.

Die kleine Sonne verließ langsam die Kraft. Sie spürte, dass sie sich nicht mehr lange gegen die gewaltige Anziehung des schwarzen Lochs

stemmen konnte. Da hörte die kleine Sonne eine vertraute Stimme hinter sich. „Kleine Sonne, gleich bin ich bei dir und helfe dir!“ Die kleine Sonne war erstaunt. Es war die Stimme ihres geliebten Bruders. Die kleine Sonne spürte die Strahlen des großen Bruders in ihrem Rücken und fasste neuen Mut. „Nimm jetzt all deine Kraft zusammen“, sagte der große Bruder. Er zog und zerrte aus Leibeskräften, und die kleine Sonne trat und schlug um sich, um sich aus den Klauen des schwarzen Lochs zu befreien. Langsam wurde es wieder heller um die kleine Sonne. Endlich konnte sie wieder all die funkelnden Sterne und bunten Nebeln sehen. Die kleine Sonne war wieder frei. Der große Bruder und die kleine Sonne fielen einander in die Arme. Sie waren sehr glücklich, wieder zusammen zu sein.

„Warum bist du mir nachgereist?“, fragte die kleine Sonne.

„Ich war in großer Sorge um dich. Das Universum ist voller Gefahren.“

„Doch trotz des Schreckens, den mir das schwarze Loch bereitet hat, war es eine wundervolle Reise.“

„Wenn du möchtest, werde ich ab jetzt mit dir gemeinsam die Galaxie bereisen“, schlug der große Bruder vor.

„Nichts möchte ich lieber“, sagte die kleine Sonne.

So zogen die kleine Sonne und ihr großer Bruder aus, um gemeinsam das Universum zu erforschen.

Erklärungen

Universum

Das Universum ist groß, sehr groß und älter als alles, was wir kennen. Es ist rund 13 Milliarden Jahre alt. Im Universum, es wird auch Weltraum oder All genannt, gibt es Sterne und Planeten, die um diese Sterne kreisen. Dazwischen ist nichts. Ein solch leerer Raum heißt Vakuum. In einem Vakuum gibt es auch nichts Durchsichtiges, also auch keine Luft. Deshalb müssen Menschen, die im All reisen, Luft mitnehmen, um zu überleben. Auf der Erde gibt es kein Vakuum. Allerdings können manche Forscher diesen leeren Raum herstellen. Das ist aber sehr teuer.

Sonne

Wenn wir am Abend zum Himmel aufsehen und die Sterne beobachten, sehen wir lauter Sonnen. Diese Sonnen sind aber so weit entfernt, dass ihr Licht ganz schwach ist. Wenn du ganz genau schaust, kannst du vielleicht erkennen, dass manche Sonnen eher bläulich oder eher rötlich leuchten. Diese Sonnen sind so weit entfernt, dass sie auch mit den besten Fernrohren immer noch wie kleine Punkte erscheinen. Ohne die Sonnen wäre es im Universum sehr dunkel.

Eine Sonne leuchtet von sich aus. Sie ist sehr schwer und sie besteht aus Wasserstoff. Wasserstoff ist die leichteste Art von Atomen. Alles was wir sehen können, alles was wir anfassen können, wirklich alles besteht aus Atomen. Das sind extrem kleine Gebilde. Es gibt ungefähr 100 verschiedene Arten von Atomen. Manche sind besonders leicht, andere sind schwerer.

In einer Sonne befinden sich ungeheuer viele Wasserstoffatome sehr nahe beieinander. Durch ihr Gewicht entsteht in der Sonne ein starker Druck. Dadurch wandeln sich die Wasserstoffatome in fast viermal so schwere Atome um. Diese Atomsorte nennt man Helium. Bei der Umwandlung von Wasserstoff in Helium entstehen Licht und Wärme. Deshalb leuchtet unsere Sonne sowie alle anderen Sterne auch.

Auf der Erde können wir Menschen Wasserstoff nicht so stark zusammendrücken, dass Helium entsteht. Wir haben keine Maschine, die das schafft.

Es gibt kleine und große Sonnen. Manche Sonnen leuchten eher bläulich, andere leuchten eher rötlich. Auch Sonnen können altern. In sehr, sehr vielen Jahren wird unsere Sonne sehr viel größer werden. Dabei wird sie rötlich leuchten. Später wird sie sehr viel kleiner werden und nur noch schwach leuchten. Leuchtet die Sonne einmal gar nicht mehr, ist sie gestorben.

Unsere Sonne bestimmt unser Leben. Die Erde umkreist die Sonne. Dort, wo die Erde beleuchtet ist, herrscht Tag. Auf der anderen Seite der Erde ist es dann Nacht. Dadurch, dass es Tag und Nacht gibt, entsteht das Wetter und vieles mehr.

Braune Zwerge

Braune Zwerge sind zu klein geratene Sonnen. Sie sind nicht schwer genug, damit der Wasserstoff so stark zusammengedrückt werden kann, dass Licht entsteht. So leuchten diese Kugeln nicht selbst. Sie sind auch mit den besten Teleskopen nur sehr schwer zu erkennen.

Planetarische Nebel

Der Name hat nichts mit Planeten zu tun. Früher, als man noch schlechtere Fernrohre hatte, glaubte man, dass es sich um Planeten handelte. Aber heute wissen wir es besser. Manche Sonnen blähen sich auf, wenn sie älter werden. Sie leuchten dann rötlich und werden deshalb als rote Riesen bezeichnet. Ab einem bestimmten Alter beginnen die roten Riesen zu explodieren. Ein Teil des Wasserstoffs, Heliums und andere Elemente werden in das All geblasen, und übrig bleibt ein weißer Zwerg. Das, was ins All ausgestoßen wird, nennt man Gas. Dieses Gas bildet Wolken und einen Nebel. Aber diese Wolken bestehen nicht nur aus Wasser, wie auf der Erde, sondern sie bestehen noch aus vielen anderen Dingen. Diese Wolken leuchten selbst nicht, aber sie werden vom weißen Zwerg beleuchtet. Dadurch strahlt ein solcher Nebel in einem besonders schönen Licht.

Weiße Zwerge

Die meisten Sonnen enden als weiße Zwerge. Diese sind sehr klein und haben ungefähr die Größe der Erde. Obwohl die Oberfläche von weißen Zwergen enorm heiß ist, leuchten diese nicht besonders stark. Denn sie sind viel viel kleiner als gewöhnliche Sonnen. Das Leuchten wird immer schwächer, bis es schließlich vollständig erlischt. Dann ist aus dem weißen Zwerg ein schwarzer Zwerg geworden. Die Sonne ist endgültig gestorben.

Kometen

Kometen sind besonders spektakuläre Himmelserscheinungen. Alle paar Jahre könnt ihr einen Kometen mit bloßem Auge beobachten. Der berühmteste Komet heißt „Halleyscher Komet“. Man kann ihn nur alle 76 Jahre beobachten. Man sieht einen hellen Punkt, und hinter diesem Punkt befindet sich ein heller

Schleier oder auch Nebel. Dieser Nebel wird auch als Schweif bezeichnet. Deshalb nennt man Kometen auch Schweifsterne. Ein Komet ist nichts anderes als ein schmutziger Schneeball. Der Schneeball ist aber ziemlich groß, rund ein bis zehn Kilometer. Kometen bewegen sich nicht kreisförmig um die Sonne. Sie fliegen auf die Sonne zu, umkreisen sie und werden wieder ins All geschleudert. Nach ein paar Jahren werden die Kometen von der Schwerkraft der Sonne zurückgeholt und sie fliegen erneut zur Sonne. Wenn sich ein Komet der Sonne nähert, wird die Oberfläche des Kometen durch die Strahlen der Sonne erwärmt. Dabei verdampft der Schnee des Kometen und sein Schweif entsteht. Jedesmal, wenn sich der Komet der Sonne nähert, wird er leichter. Nach rund 1000 Jahren hat sich der Komet aufgelöst. Der Komet und sein Schweif leuchten selbst nicht. Wir sehen Kometen nur deshalb am Himmel strahlen, weil sie von der Sonne angeleuchtet werden.

Vielleicht habt ihr noch Fragen zu Sternen und Planeten? Oder ihr möchtet mehr über schwarze Löcher wissen? Erklärungen dazu findet ihr beim Märchen Mathilda ab Seite 91.

Das graue Männlein

Natascha Riahi

Es war einmal ein graues Männlein. Das lebte in einer großen Stadt. An einem Sonntag fragte das graue Männlein seine Frau: „Wollen wir einen Spaziergang machen?"

Die Frau sah aus dem Fenster und antwortete: „Sieh nur, wie es regnet. Bei einem solchen Wetter möchte ich lieber zu Hause bleiben und die Zeitung lesen."

Da fragte das graue Männlein seine Kinder: „Peter, Petra, wollt ihr mit mir kommen?"

„Draußen ist es viel zu nass", wandte Peter ein.

„Wir spielen lieber mit der Eisenbahn", fügte Petra hinzu.

Da schlüpfte das graue Männlein in seine grauen Schuhe, zog seinen grauen Mantel an und setzte seinen grauen Hut auf. Dann nahm es seinen großen, grauen Schirm, verabschiedete sich von seiner Familie und ging zur Tür hinaus. Als das graue Männlein das Haustor öffnete, stieg ihm der Geruch feuchter Regenluft in die Nase. Das graue Männlein trat auf den Gehsteig, der vom Regen dunkel glänzte, und spannte seinen grauen Schirm auf. Die Regentropfen prasselten auf den Schirm. Das graue Männlein darunter aber blieb trocken und nahm vergnügt seinen Spaziergang auf. Die meisten Menschen, denen das graue Männlein begegnete, machten verdrießliche Gesichter. Nur die Kinder in einer vorbeifahrenden Straßenbahn hatten Freude daran, mit den Fingern Figuren auf die beschlagenen Scheiben zu zeichnen.

Die Gasse, durch die das graue Männlein ging, endete an einem breiten Fluss, über den eine hohe Brücke führte. Als das graue Männlein die Brücke betrat, spürte es einen heftigen Windstoß. Der Wind zerrte an seinem grauen Regenschirm, und das graue Männlein packte den Schirm fester und zog ihn an sich. „Welch ein Glück, dass ich einen so guten Schirm habe", dachte das graue Männlein. „Einen anderen Schirm hätte der Wind mir längst umgedreht oder gar zerbrochen."

Als das graue Männlein die Mitte der Brücke erreicht hatte, kam abermals ein Windstoß daher, der heftiger war als der vorige. Nur mit Mühe konnte das graue Männlein seinen Regenschirm festhalten. Der Wind peitschte den Regen vor sich her, und das graue Männlein wurde trotz seines Regenschirms nass. Ehe es sich versah, wehte der Wind ihm auch noch den Hut vom Kopf. Der Hut flog über das Brückengeländer, fiel ins Wasser und trieb mit dem Fluss davon. Das graue Männlein sah seinem schönen grauen Hut nach und war sehr ärgerlich. Es beschloss, umzukehren und wieder nach Hause zu gehen.

Als sich das graue Männlein gerade umdrehen wollte, da erfasste es ein Windstoß, der noch stärker war als die beiden vorigen. Das graue Männlein umfasste nun den Griff des Schirms mit beiden Händen und hielt ihn mit aller Kraft fest. Denn es wollte nicht, dass der Wind nun auch den Schirm ins Wasser wehte. Da hob der Wind das graue Männlein mitsamt seinem Schirm in die Höhe. Ehe es sich noch darauf besinnen konnte, den Schirm loszulassen, wurde es auch schon über das Geländer getragen und schwebte über dem Wasser. Nun blieb dem grauen Männlein gar nichts anderes übrig, als sich an seinen Schirm zu klammern. Sonst wäre es ins Wasser geplumpst wie ein Stein. Der Regenschirm sank zum Wasser nieder. Das graue Männlein bekam große Angst, denn es konnte nicht schwimmen. „Wenn doch nur ein Schiff vorbeikäme", dachte das graue Männlein. Da hatte es einen rettenden Einfall.

Bevor seine Füße das Wasser berührten, nahm das graue Männlein all seine Kraft zusammen und drehte den Schirm um. So saß es nun in seinem Schirm wie in einem winzigen Boot und hatte den Griff des Schirms fest zwischen seine Beine geklemmt. Doch Wind und Wellen schaukelten den Schirm hin und her, und das graue Männlein fürchtete, dass sein kleines Boot kentern und sinken könnte. Auch regnete es unaufhörlich, und das graue Männlein wurde allmählich durch und durch nass. Es überlegte, wie es wohl wieder an Land kommen könnte und sah zum Ufer hin. Dort standen bereits einige Menschen, die staunten, wie das kleine, graue Männlein auf seinem Schirm den Fluss hinabtrieb. Die Menschen berieten, wie sie dem grauen Männlein am besten helfen könnten, denn keiner von ihnen traute sich, bis zur Mitte des Flusses zu schwimmen, wo das graue Männlein in seinem Regenschirm saß.

Zu ihrer großen Erleichterung bemerkten sie, dass gerade ein großes Schiff den Fluss heraufgefahren kam. In einiger Entfernung vom grauen Männlein hielt das Schiff an. Vom Schiff wurden Rettungsringe abgeworfen. Einer davon landete auch tatsächlich auf Armeslänge entfernt

vom grauen Männlein. Doch dieses traute sich nicht, seinen Schirm loszulassen. Da näherte sich vom Schiff her ein kleines Rettungsboot. Darin saß ein blau-weiß gekleideter, rotbackiger Matrose. Mit einem Griff zog er das graue Männlein mitsamt seinem Schirm aus dem Wasser und setzte es ins Boot. „Danke", stammelte das graue Männlein. „Vielen Dank!"

„Gern geschehen", antwortete der Matrose freundlich. „Dies ist wohl wirklich nicht das rechte Wetter zum Boot fahren."

Die Menschen am Ufer hatten der Rettung des grauen Männleins zugesehen, und als der Matrose mit dem grauen Männlein im Boot zur Kaimauer kam, gab es großen Applaus. Auch das graue Männlein applaudierte mit. Dann spannte es seinen Regenschirm ab, und der Matrose hob es in die Höhe. Ein Mann und eine Frau traten vor und halfen dem grauen Männlein an Land. Sie versprachen dem Matrosen, das graue Männlein nach Hause zu begleiten. Der Matrose verabschiedete sich und fuhr zu seinem Schiff zurück. Das graue Männlein winkte ihm nach.

Nun bemerkte das graue Männlein erst, wie nass, durchfroren und müde es war. Es war froh, dass es nicht alleine nach Hause gehen musste. Der Mann und die Frau gingen bis zur Wohnungstür mit ihm und verabschiedeten sich erst, als die Frau des grauen Männleins schon in der Tür stand. Das graue Männlein bedankte sich bei seinen Begleitern. Seine Frau war recht erschrocken, und das graue Männlein erzählte ihr, was ihm geschehen war. Dann zog es seine nassen Kleider aus, nahm ein warmes Bad und ging zu Bett. Das graue Männlein schlief viele Stunden lang, und als es aufwachte, war es schon später Abend. Peter und Petra standen an seinem Bett. Sie beugten sich zu ihrem Vater hinunter und umarmten ihn. „Es gibt Kartoffelsuppe", verkündete Petra. „Wir haben beim Kochen geholfen", ergänzte Peter stolz.

Als die Familie gemeinsam beim Essen saß, musste das graue Männlein seiner Frau und seinen Kindern noch einmal ausführlich von seinen Erlebnissen berichten. „Ihr seht also, der Schirm hat mich gerettet", schloss das graue Männlein seine Erzählung. „Nur weil der Schirm so groß ist, konnte ich ihn als Boot verwenden."

„Der Schirm hat dich erst in Schwierigkeiten gebracht", wandte seine Frau ein. „Nur weil der Schirm so groß ist, konnte sich genug Luft darin verfangen, um dich hochzuheben. Versprich mir, dass du ihn nie wieder benützt, wenn ein starker Wind geht."

„Ich will es versprechen", sagte das graue Männlein. „Denn wer weiß, ob immer im rechten Augenblick ein Schiff auftaucht, um mich zu retten. Es könnte mir sonst ebenso gehen wie meinem Hut."

„Du hast gesagt, der Hut ist auf dem Fluss davongeschwommen wie ein kleines Schiff", meinte Peter. „Dann ist er vielleicht schon morgen in einem anderen Land."

„Oder im Meer", nickte Petra.

„Der Hut liegt sicher schon auf dem Grund des Flusses", erwiderte ihnen ihr Vater. „Denn der Hut ist aus Stoff und saugt sich mit Wasser voll, bis er sinkt. Oder die Wellen kippen ihn noch zur Seite, sodass er sich mit Wasser füllt. Auch dann muss er untergehen." Dabei dachte das graue Männlein mit Unbehagen daran, wie die Wellen des Flusses es in seinem Schirm hin und her geschaukelt hatten.

„So wird der graue Hut also gar nicht bis zum Meer kommen", meinte Petra enttäuscht.

„Vielleicht aber fahren wir einmal gemeinsam auf einem Schiff den Fluss hinunter bis zum Meer", schlug die Mutter vor. Peter und Petra nickten begeistert.

„Aber nur bei Sonnenschein", fügte das graue Männlein hinzu. „Von Wind und Regen habe ich jetzt für eine Weile genug."

Dieses Märchen basiert auf einer mündlich überlieferten Geschichte.

Erklärungen

Schwimmen und Schweben

Sicher wisst ihr, dass manche Dinge im Wasser schwimmen und andere untergehen. Eine Schwimmente schwimmt in der Badewanne, ebenso wie ein Teller im mit Wasser gefüllten Waschbecken. Ein Messer oder eine Gabel jedoch gehen unter. Vielleicht habt ihr einmal einen Stein oder ein Stück Holz ins Wasser geworfen. Dann wisst ihr, dass der Stein untergeht und das Holz auf dem Wasser schwimmt. Wenn ihr schwimmen oder euch zumindest im Wasser treiben lassen könnt, habt ihr bereits selbst erfahren, dass das Wasser auch den Menschen trägt. Wenn Menschen sich über längere Strecken auf dem Wasser fortbewegen, tun sie das gewöhnlich auf einem Boot oder Schiff. Es gibt kleine Boote, in denen ein paar wenige Personen gerade Platz haben, und etwas größere, in denen Menschen wie in einer kleinen Wohnung leben können. Auf allen Flüssen, die breit genug sind, fahren Schiffe, die viele Menschen oder schwere Lasten mit sich führen. Die allergrößten Schiffe aber sind die, die über das Meer fahren.

Alle Schiffe und Gegenstände, die auf dem Wasser schwimmen, tun dies aus demselben Grund: Das Wasser, das sie verdrängen, ist schwerer als sie selbst. Wenn ihr aus Papier ein kleines Schiffchen faltet und es ins Wasser setzt, verdrängt das Schiffchen ein wenig Wasser. Dort, wo vorher Wasser war, sind nun Papier und die Luft im Inneren des Schiffchens, die viel leichter als das verdrängte Wasser ist. Deshalb schwimmt das Schiffchen. Wenn ein riesiges, neu gebautes Hochseeschiff in der Werft vom Stapel (das bedeutet: ins Wasser) gelassen wird, verdrängt es ungeheure Mengen an Wasser. Dieses Wasser ist viel schwerer als das riesige Schiff mit all den Gegenständen und Menschen, die im Schiff Platz haben. Denn auch in diesem Schiff befindet sich viel Luft, die viel leichter ist als das verdrängte Wasser. Deshalb trägt das Meer auch das riesige Hochseeschiff.

Aber nicht nur das Wasser, auch die Luft kann Dinge tragen. Sicher kennt ihr Luftballons. Wenn ihr einen mit Gas gefüllten Luftballon im Zimmer loslasst, steigt er auf, bis die Zimmerdecke ihn aufhält. Befindet ihr euch im Freien, könnt ihr dem aufsteigenden Luftballon nachschauen, bis ihr ihn aus den Augen verliert. Der Luftballon befindet sich dort, wo sonst Luft wäre. Er ist mit einem Gas gefüllt, das leichter ist als die verdrängte Luft. Deshalb wird der Luftballon nach oben gedrückt. Es gibt auch große Ballons, die mit heißer Luft angefüllt sind. Man nennt sie Heißluftballons. Auch die heiße Luft im Ballon ist viel leichter als die kältere Luft, die der Ballon verdrängt. Deshalb steigen Heißluftballons auf. Die Kraft, die auf einen solchen Heißluftballon wirkt, ist so groß, dass Menschen mit ihm aufsteigen können.

Bewegung durch Wasser und Luft

Wenn ihr je versucht habt, im Wasser zu gehen, wisst ihr, dass das viel anstrengender ist als das Gehen an Land. Das kommt daher, dass die Luft, die uns an Land umgibt, viel weniger dicht ist als das Wasser. Wenn wir uns bewegen, müssen wir die Luft oder das Wasser vor uns herschieben. Dazu brauchen wir Kraft – wie viel, hängt von der Flüssigkeit oder dem Gas ab, durch das wir uns bewegen. Wenn ihr versucht, mit einem Löffel in einem Glas Honig umzurühren, werdet ihr bemerken, dass euch das viel schwerer fällt als in einem Glas mit Wasser. Denn Honig ist viel zäher als Wasser.
Dass auch die Luft uns Widerstand bei der Bewegung entgegensetzt, merken wir erst, wenn uns starker Wind entgegenweht oder wir den Fahrtwind in einem schnellen Fahrzeug spüren. Besonders spüren wir die Kraft bewegter Luft, wenn sich starker Wind in unserem Regenschirm verfängt. Dann fällt es besonders schwer, sich vorwärts zu bewegen, und oft dreht der Wind den Schirm um. Halten wir allerdings dem Wind den Schirm entgegen, spüren wir weniger Widerstand.
Wenn Dinge durch das Wasser oder die Luft fallen, werden sie abgebremst, vom Wasser mehr als von der Luft. Leichte Körper werden in Luft und Wasser schneller abgebremst als schwere Körper. Wenn Menschen durch die Luft fallen, spüren sie gewöhnlich nichts vom Luftwiderstand. Das Aufkommen am Boden tut weh, und es ist gefährlich, aus großer Höhe zu fallen. Eine leichte Vogelfeder hingegen kann durch die Luft gleiten. Wenn Menschen aus großer Höhe sanft hinuntergleiten wollen, müssen sie dies mit einem Gegenstand tun, in dem sich sehr viel Luft verfängt. Nur dann ist der Widerstand der Luft groß genug, um den Menschen in seinem Fall abzubremsen. Solches Gleiten ist mit Fallschirmen und Paragleitern möglich.

Der Lichtstrahl und das neugierige Mädchen

Christian Rupp

Es lebte einmal ein sehr neugieriges Mädchen, das mit nichts lieber spielte als mit seinem Taschenlämpchen. Auch sah es gerne zu, wenn morgens die Sonne zu funkeln begann. Es freute sich, wenn an einem Regentag plötzlich ein Sonnenstrahl durch die dunklen Wolken glitzerte. Und weil das kleine Mädchen gar nicht aufhören konnte, das Licht und die Lichtstrahlen zu bewundern, fragte es eines Tages: „Ihr Lichtstrahlen, ihr seid so schön. Sagt doch, wie entsteht ihr nur?"

Darauf war ein Lichtstrahl zur Stelle und sprach: „Willst du sie denn wirklich hören, die ganze Geschichte?"

„Ja!", antwortete das Mädchen.

Also begann der Lichtstrahl zu erzählen:

Die Geburt

„Alles beginnt in einem Atom. Winzig klein, mit bloßem Auge nicht zu sehen, sind solche Atome. Man kann fast sagen, aberwitzig klein sind sie, diese Atome. Und jedes Ding in der Welt ist aufgebaut aus Tausenden von Tausenden, ach was sage ich – noch viel mehr – Atomen. Oft sitzen diese dicht an dicht gedrängt. So war es auch an dem Tag, an dem ich entstanden bin. Es war ein Trubel und so ein Durcheinander zwischen den Atomen, dass einem ganz schwindlig davon werden konnte. Sie stießen aneinander, es war ein Hin und Her ohne Ende. Den Atomen machte das gar nicht so viel aus – an einem Tag wie diesem gefiel ihnen der Wirrwarr sogar ein bisschen. Bald stieß dieses an jenes, bald eines an das andere. Den Elektronen aber, nein, den Elektronen, denen gefiel das ganz und gar nicht." Der Lichtstrahl

unterbrach hier seine Worte, um von dem Mädchen zu erfahren, was es denn von Elektronen schon wisse.

Als das Mädchen ihm antwortete: „Kein bisschen", fuhr der Lichtstrahl fort zu erzählen: „Elektronen sind, na ja, wie soll man es sagen, in einer Hinsicht etwas eigenartig. Am liebsten wären sie Einzelgänger, ganz für sich allein. Sie mögen es gar nicht, inmitten eines Getümmels zu sein – so wie an jenem Tag. Und ja, die Elektronen leben eigentlich ganz gern in den Atomen. Jedes der vielen Elektronen eines Atoms hat dort nämlich ein Plätzchen für sich allein, ganz allein."

„Wie ich hier in meinem Zimmer", nickte das Mädchen, und der Lichtstrahl fuhr fort: „Nur an Tagen wie diesem, als Atom an Atom stieß und die Elektronen durchgeschüttelt wurden, da bereute manches Elektron, in einem Atom zu leben. Eines der Elektronen ärgerte sich darüber so sehr, dass es ganz aufgeregt war. Es stampfte und schnaufte, und es ruderte mit seinen Armen wild umher. Ein anderes Elektron, das nicht weit von dem ganz aufgeregten entfernt stand, versuchte, es zu beruhigen: ‚Ärgere dich nicht, bald kehrt wieder Ruhe ein zwischen den Atomen!' Aber es fiel dem verärgerten Elektron nicht leicht, daran zu glauben. Es hüpfte auf und ab, doch dann, mit einem tiefen Schnaufer, hatte es einen großen Sprung gemacht und sich beruhigt. Und in dem Moment, da es schnaufte und die Luft ganz tief ausatmete, da – schwups – entstand ein Lichtstrahl aus ihm wie ein Blitz. Das Elektron sank beruhigt in sich zusammen und der Lichtstrahl, das war ich. So wurde ich geboren."

Die Reise

„Dann musste ich mich sofort auf und davon machen. Denn stehen bleiben können wir Lichtstrahlen nicht. Auch nicht für einen klitzekleinen Moment. Wir sind immer in Bewegung, unaufhörlich. Und wir bewegen uns immer gerade fort, immer der Nase nach, den Kopf geradeaus. In Windeseile hatte ich das Atom hinter mir gelassen – gleich danach all die anderen tausenden Atome und den ganzen Gegenstand, den diese aufgebaut hatten. Ich machte mich auf die Suche nach anderen Lichtstrahlen, nach Freunden. Und siehe da, die Lichtstrahlen, sie waren überall. Es wimmelte nur so von ihnen, sie flitzten durch die Luft, in alle Richtungen. Und alle waren mit der gleichen, riesigen Eile unterwegs, ganz wie ich. Im Vorbeifliegen rief ich ‚Hallo!', ‚Wohin?'. ‚Dort hin, da hin!', ‚Überall hin!', bekam ich zur

Antwort. Alle bewegten sich in ihre Richtungen, und stießen wir auf einen Gegenstand, wurden wir wie ein Gummiball in eine neue Richtung geworfen. Das war ein lustiges Spiel, besonders bei Spiegeln und hellen Gegenständen, da machte es am meisten Spaß!

Nun aber flog ich auf eine Glasscheibe zu und war recht erstaunt. Sie stieß mich nämlich nicht zurück, wie ich es kannte, sondern ich schoss durch sie hindurch. Wer hätte das gedacht? Die Glasscheibe lenkte nur meine Richtung ein wenig ab, und ich flog durch sie hindurch ins Freie. Und ich traf hier draußen noch viel mehr andere Lichtstrahlen. Ja, alles war voll von Lichtstrahlen. Es war ein Riesenspaß, mit all den Lichtstrahlfreunden gemeinsam zu spielen."

„So viele Lichtstrahlen", sagte das Mädchen, „überall kann man sie glitzern sehen."

„Ja", stimmte der Lichtstrahl ein. „Kannst du noch zuhören?", fragte der Lichtstrahl.

„Noch lange", sagte das neugierige Mädchen und hörte weiter aufmerksam zu.

„Plötzlich entdeckte ich ein seltsam aussehendes Gerät. An einem Ende des Geräts kamen rote Lichtstrahlen heraus. ‚Was ist das nur?', fragte ich mich leise. Als ich den roten Lichtstrahlen näher kam, rief ich Ihnen zu: ‚Hallo, wer seid ihr?' ‚Wir sind Laser-Lichtstrahlen, weißt du das denn nicht?', bekam ich kopfschüttelnd zur Antwort. Die Laser-Lichtstrahlen taten sehr beschäftigt. ‚Warum seid ihr rot?', wollte ich wissen. ‚Ach, wir haben keine Zeit für dich, wir müssen arbeiten. Wir haben wichtige Aufgaben zu erledigen!' Ich ließ mich nicht entmutigen. ‚Warum kommt ihr alle aus diesem Gerät, was hat es damit auf sich?', fragte ich weiter. Genervt bekam ich zur Antwort: ‚Dieses Gerät haben die Menschen gebaut, es ist ein Laser!' ‚Was ist ein Laser?', wollte ich wissen. ‚Du weißt ja wirklich gar nichts', sagte einer der Laser-Lichtstrahlen und fuhr fort: ‚In einem Laser sind innen Spiegel, zwischen denen wir Laser-Lichtstrahlen hin- und herflitzen. Dabei kommen immer mehr Laser-Lichtstrahlen dazu, und wenn wir ganz viele sind, werden wir an dem einen Ende des Geräts herausgelassen. Wir können dann sogar feste Dinge durchdringen und zerschneiden. Wir sind sehr wichtig für die Menschen!' ‚Was könnt ihr zerschneiden?', fragte ich. ‚Und warum seid ihr alle rot?', fragte ich weiter. ‚Dass wir rot sind, kommt von den Elektronen im Laser', erfuhr ich. ‚Die schnaufen nämlich so, dass rote Lichtstrahlen entstehen. Es gibt auch blaue und grüne Laser-Lichtstrahlen, aber dazu müssten die Elektronen anders schnaufen.' ‚Und wir können selbst einen harten Stein zerschneiden, so mächtig sind wir!', sagte ein anderer Laser-Lichtstrahl. ‚Darum

haben wir jetzt auch keine Zeit mehr für dich!', fuhr der eine Laser-Lichtstrahl fort. ,Wir müssen für die Menschen arbeiten, sie haben uns erschaffen und wir sind sehr wichtig für sie.' ,Danke für eure Auskunft', sagte ich, ,ich will euch auch nicht weiter stören.' Wir verabschiedeten uns. Ich dachte mir, dass ich froh war, kein Laser-Lichtstrahl zu sein, und sauste durch die Lüfte weiter."

Allmählich wurde der Lichtstrahl müde. „Du doch auch?", fragte er das Mädchen.

Das aber antwortete: „Noch lange nicht."

Also fuhr der Lichtstrahl fort:

Die Verwandlung

„Ich will dir noch erzählen, was einem Freund von mir nun passiert ist. Er flitzte nur so durch die Luft, da sah er, genau voraus, ein schwarzes Ding. Als das schwarze Ding ihn entdeckte, rief es: ,Komm zu mir, kleiner Lichtstrahl, mir ist ganz kalt!' Ich hörte das ebenfalls und warnte meinen Freund: ,Nein, flieg nicht zu dem schwarzen Ding! Kein Lichtstrahl ist jemals davon zurückgekehrt. Gib Acht!' Aber er konnte seine Richtung gar nicht ändern, so ist das Lichtstrahlengesetz, immer voraus, der Nase nach. Er kam dem schwarzen Ding näher und näher. Würde er nicht mehr zurückkommen? Es war meinem Lichtstrahlfreund ganz mulmig – immer näher rückte das schwarze Ding. Es verschluckt wohl alle Lichtstrahlen. Was würde mit meinem Freund geschehen? ,Komm, komm!', rief das schwarze Ding. ,Habe keine Angst, es geschieht dir nichts.' Und mit einem Ruck und einem Zuck traf mein Freund auf das schwarze Ding. Seine Lichtstrahlnatur hörte mit einem Mal auf zu sein. Er war nicht mehr."

„Oh, nein", rief das kleine Mädchen.

Der Lichtstrahl fuhr fort: „Doch die Lichtenergie meines Freundes wurde auf das schwarze Ding übertragen, ganz und gar. Und wie ein Wunder, das schwarze Ding wurde wärmer dadurch – durch meinen Freund. Seine Lichtnatur hatte sich in wohlige Wärme verwandelt. ,Kleiner Lichtstrahl, danke, jetzt ist mir nicht mehr kalt', sagte das schwarze Ding zu meinem Freund."

„Dann ist ja alles wieder gut", sprach das neugierige Mädchen.

Erklärungen

Atome und Elektronen

Alle festen Körper, und ebenso Gase und Flüssigkeiten, sind aus Atomen aufgebaut. Diese Atome sind immer – mehr oder weniger – in Bewegung. Ihr könnt euch das so vorstellen, dass die Bewegung der Atome durch Temperatur hervorgerufen wird. Je größer die Temperatur ist, desto mehr bewegen sich die Atome durchschnittlich.

Atome haben einen Atomkern und eine Atomhülle. Die Atomhülle wird von Elektronen gebildet, die sich bildlich gesagt in Schalen wie bei einer Zwiebel um den Atomkern von innen nach außen anordnen. Durch Aufnahme von Energie kann ein Elektron von einer inneren in eine weiter außen liegende Schale gehoben werden. Jede Schale entspricht einer gewissen Energie, und weiter außen liegende Schalen bedeuten höhere Energie.

Umgekehrt kann ein Elektron einen Teil seiner Energie abgeben, z. B. in Form von Licht. Das Elektron springt dann in eine tiefer liegende Schale zurück. Die tatsächliche Anordnung der Elektronen in der Atomhülle kann man aber in Wirklichkeit nicht genau angeben, einen festen Ort haben Elektronen streng genommen nicht. Ihr müsst euch diese Zwiebelschalen der Elektronenhülle also als Energieschalen vorstellen: weiter innen bedeutet einfach weniger Energie, weiter außen bedeutet mehr Energie.

Lichtstrahlen

Lichtstrahlen bewegen sich immer mit Lichtgeschwindigkeit. Genau gesagt müsste man anstatt von Lichtstrahlen von den Photonen, das sind die Lichtteilchen, sprechen. Lichtteilchen sind also immer in Bewegung. Sie bewegen sich mit Lichtgeschwindigkeit. Im Vakuum – das ist ein ganz leerer Raum, in dem sich keine Luft und überhaupt gar nichts befindet – ist die Lichtgeschwindigkeit etwa 300 000 Kilometer pro Sekunde. Ein Lichtteilchen legt also in jeder Sekunde die riesige Strecke von 300 000 Kilometern zurück. In Luft und auch in Wasser bewegt sich das Licht langsamer als im luftleeren Raum.

Lichtstrahlen bewegen sich immer entlang einer geraden Linie. Treffen sie allerdings auf ein Hindernis, werden sie reflektiert, das heißt vom Hindernis zurückgeworfen. Dabei gilt immer, dass der Einfallwinkel des Lichts gleich seinem Ausfallwinkel ist, ganz wie bei einem Gummiball, der schräg auf eine Wand trifft und von dieser wieder abprallt. An hellen und spiegelnden Flächen wird

Licht besonders gut reflektiert, kein Teil des Lichts wird verschluckt. Licht kann manche Stoffe, wie z. B. Glas, auch durchdringen. Solche Stoffe erscheinen uns deshalb durchsichtig.

Schwarze Körper – also schwarze, dunkle Gegenstände – verschlucken einen großen Teil des Lichts und reflektieren nur einen kleinen Rest. Wird Licht von einem dunklen Körper verschluckt, geht die Energie des Lichtstrahls auf den Körper über und führt zu seiner Erwärmung, denn Energie kann niemals verloren gehen. Stell dir vor, du liegst im Sommer mit einem schwarzen T-Shirt in der Sonne, dann würde sich das T-Shirt dabei sehr stark erwärmen.

Der lachende Wassertropfen

Christian Rupp

An einem Frühlingsmorgen beschlossen der kleine Max und seine Mutter, einen Ausflug zu machen. Während die Mutter gute Dinge zum Essen einpackte, lief Max in den Garten, wo an der schattigen Hauswand sein Fahrrad stand. Ein rotes, mit einigen Aufklebern versehenes Rad. Die Vögel zwitscherten in der aufgehenden Frühlingssonne. Lange Schatten wechselten sich mit gelbem Licht ab und verzauberten den Garten. Max griff nach dem Lenker und zog das Fahrrad zu sich. Er sah, dass der braune Sattel seines Rads auch heute Morgen wieder feucht war. Wie immer schob er den Ärmel seines Pullovers über seine Hand, um damit das Wasser vom Sattel zu wischen.

Die Begegnung im Garten

Aber halt, heute sollte einiges anders werden. „Nicht!", rief ihm eine Stimme zu. Max hielt inne und blickte um sich. „Hallo hier!", hörte Max, aber er konnte niemanden sehen. „Eigenartig", sagte Max zu sich selbst. „Wer spricht da?", fragte Max in den grünen Garten hinein und wie nebenbei machte er sich weiter an das Trockenreiben des Fahrradsattels. „Nein, hör auf! Ich bin hier unten, kannst du mich denn nicht sehen?"

Verwundert blickte Max auf seinen Fahrradsattel. Das konnte doch nicht sein! Ein kleiner Wassertropfen, der auf seinem Fahrradsattel stand, sprach mit ihm. „Wie?", fragte Max. „Du bist ein Wassertropfen!" Max ging in die Knie und beugte sich zum Wassertropfen auf seinem Fahrradsattel.

„Ja, sicher bin ich ein Wassertropfen! Sieht man das nicht?"

„Nein ... ja ... na doch, ich sehe das schon, aber ... wieso kannst du sprechen?“, fragte Max überrascht.

„Hast du noch nie einen sprechenden Wassertropfen gesehen?“, wollte der Wassertropfen von Max wissen.

„Nein“, antwortete Max, „ich glaube nicht!“

„Nun, hast du dich von deinem Schreck erholt?“, fragte der Wassertropfen nach einer Pause weiter.

„Ähh, ja, ich glaube schon!“, ließ Max den Wassertropfen wissen.

„Du wolltest eine Runde mit deinem Fahrrad drehen, stimmt's?“ schien der Wassertropfen Max' Absicht zu kennen.

„Genau!“, sagte Max.

„Weißt du“, erklärte der Wassertropfen, „ich bin ein wenig müde und genieße gerade die letzten Schatten, bevor die Sonne höher steigt, auf den Sattel scheint, und ich mich wieder auf die Reise machen muss!“

„Was meinst du mit ‚auf die Reise machen‘?“, war Max interessiert.

„Nun ja, ich habe eine lange Reise hinter mir, schon seit vielen Jahren, und in einer halben Stunde wird es so weit sein, dass ich wieder aufbrechen muss“, sagte der Tropfen noch ein wenig verschlafen.

„Wieso musst du auf die Reise gehen und wieso warst du auf der Reise? Woher kommst du denn überhaupt?“, fragte Max neugierig.

Wandelbare Tropfen

„Gestern bin ich mit den Wolken aus Westen gekommen“, erklärte der Wassertropfen und deutete nach links. „In den Wolken sind viele von uns Wassertropfen, Tausende und Abertausende. Wir machen, dass die Wolken überhaupt Wolken sind. Ohne uns Wassertropfen wären die Wolken einfach nur Luft.“

Nun wollte Max wissen: „Und wie kommt ihr in die Wolken?“

„Also das ist so“, holte der Wassertropfen aus, „du kennst uns Wassertropfen ja bereits. Wir sind einfach eine kleine Menge Wasser, die in Tropfenform zusammenhält. Wenn es aber heiß wird, also wenn zum Beispiel die Sonne scheint, verdunsten wir.“

„Was bedeutet das, verdunsten?“, wollte Max wissen.

„Das bedeutet“, sprach der Wassertropfen weiter, „dass wir aufhören, flüssig zu sein – flüssig wie Wasser – und stattdessen gasförmig werden – gasförmig wie die Luft. Wir verdunsten und werden durchsichtig. Wir können dann fliegen, wir werden ein Teil der Luft.“

Erstaunt hörte Max zu, er kratzte sich am Kopf. Der Wassertropfen sprach weiter: „Mit der warmen Luft, die durch die Sonnenstrahlen immer wärmer wird, steigen wir gemeinsam immer höher auf. Luft enthält immer eine gewisse Menge gasförmiges Wasser, ganz unsichtbar, man nennt das Wasserdampf und sagt, die Luft ist feucht. So reisen wir also als Wasserdampf durch die Lüfte."

Max überlegte. Mit einem Ruck kamen seine Finger wieder aus dem Pulloverärmel zum Vorschein: „Wenn es warm ist, dann wird Wasser zu Wasserdampf. Es verschwindet als Wasser und wird ein Teil der Luft." Das war ja abenteuerlich.

„Und weißt du, Max", sprach der Wassertropfen weiter, „wenn wir ganz hoch in den Himmel steigen, kann mir manchmal schon ein wenig mulmig werden. Du und dein Fahrrad, ihr seid dann nur noch als zwei kleine Punkte am Erdboden erkennbar, so hoch können wir steigen. Und wenn wir noch höher und noch höher steigen, wird die Luft kälter und kälter. Ich merke das daran, dass ich wieder zu einem Wassertropfen werde. Das Verdunsten wird wieder rückgängig gemacht, wir werden wieder zu Wasser. So entstehen Wolken."

So ganz hatte Max das jetzt nicht verstanden. Deshalb wiederholte er diesen Teil der Reise des kleinen Wassertropfens lieber noch einmal: „Wenn du höher steigst, wird es kälter. Und wenn es kälter wird, werden aus dem Wasserdampf wieder Wassertropfen. Richtig?"

„Ja, genau!"

„Und dann entstehen Wolken?"

„Stimmt", antwortete der Wassertropfen eifrig. „Am besten gelingt es uns, wieder zu Wasser zu werden, wenn wir in der Luft auf kleine Staub- oder Sandkörnchen treffen. Weißt du, der Wind transportiert solche Körnchen in der Luft über weite Entfernungen mit. An diesen Staub- oder Sandkörnchen können wir besonders gut wieder zu Wassertropfen werden."

„In den Wolken werdet ihr wieder zu Wasser", sprach Max wie zu sich selbst und drehte eine Handfläche nach oben.

„Hörst du mir zu?", fragte der Wassertropfen und sprach weiter: „Manchmal versammeln sich mehrere kleine Wassertropfen in den Wolken zu einem großen Tropfen. Wenn das passiert, beginnen diese großen Tropfen nun, weil sie zu schwer geworden sind, auf die Erde zu fallen, und es regnet."

„Das ist also Regen", sagte Max.

„Ja genau!", bestätigte der Wassertropfen.

„Es ist dir wohl schon oft geschehen, dass du zur Erde geregnet bist, hab ich Recht?", fragte Max.

„Ganz genau“, antwortete der Tropfen.

Max dachte nach, nun wurde er ganz stutzig. Er blickte um sich und sah dann wieder zum Wassertropfen auf seinem Fahrradsattel: „Aber heute Nacht hat es ja gar nicht geregnet, wie bist du denn auf meinem Fahrradsattel gelandet?“

„In der Nacht wird die Luft kälter, weil die Sonne nicht scheint“, erklärte der Wassertropfen. „Der Wasserdampf, der sich in der Nähe des Erdbodens befindet, wird an Gegenständen zu Wassertropfen, das nennt man Tau. So ist es mir heute Nacht ergangen.“

Max verstand nun, wie Tau entstand. Schon oft hatte er am Morgen den Tau von seinem Fahrradsattel wischen müssen. „Weil es in der Nacht kalt wird, werden aus dem Wasserdampf der kalten Luft wieder Wassertropfen.“

Schnee auf dem Dach

„Ich habe mir erlaubt, dann ein kleines Nickerchen auf deinem Sattel zu machen. Ich hoffe, das war gestattet!“, unterbrach der Wassertropfen Max’ Gedanken.

„Aber sicher“, sagte Max, „hast du gut geschlafen?“

„Ja, das hab ich“, antwortete der Wassertropfen. „Weißt du“, sprach der Wassertropfen weiter, „ich war schon einmal in eurem Garten! Du erinnerst dich bestimmt an das Schneetreiben letzte Weihnachten.“

„Ja, es hörte nicht auf zu schneien. So viele Schneeflocken, es war schön.“

„Ich war dabei!“, sagte der Wassertropfen.

„Als Schnee?“, fragte Max verblüfft, „Wie geht denn das?“

„Auch im Winter ist Wasserdampf in der Luft“, holte der Wassertropfen aus. „Kalte Luft kann zwar nicht so viel Wasserdampf aufnehmen wie warme, aber immerhin doch etwas. So bin ich also letzten Winter als Wasserdampf über eurem Haus in der Luft geflogen. Dann bin ich höher gestiegen – es war wirklich bitterkalt – und bin zu einem Eiskristall gefroren. Du kennst doch sicherlich schon Eis, oder etwa nicht?“

„Doch, doch“, antwortete Max sogleich, „wenn der See hinten im Wald zugefroren ist, dann hat er eine dicke Eisschicht auf seiner Oberfläche.“

„Jawohl, und so eine Eisschicht besteht aus Eiskristallen“, ergänzte der Wassertropfen, „zu solchen Eiskristallen werden Wassertropfen

auch in Wolken, wenn es sehr kalt ist, zum Beispiel im Winter. Wir schweben dann langsam als Eiskristalle auf dem Weg nach unten. Und während wir so schweben, werden wir größer, weil sich weitere Feuchtigkeit an uns anhängt und gefriert. Wir wachsen langsam zu einer großen, dicken, watteweichen Schneeflocke heran, die vom Himmel schwebt und gemeinsam mit vielen anderen Schneeflocken das ganze Land in eine weiße Decke packt."

„Oh ja, da kann man einen Schneemann bauen!", sagte Max. „Das ist ja wirklich sehr aufregend, was du mir da erzählst!"

„Manchmal ist das für die Menschen aber gar nicht so angenehm, was da gefroren vom Himmel fällt!", sagte der Wassertropfen.

„Wie meinst du das?", wollte Max wissen.

„In Gewitterwolken, in denen es selbst im Sommer ganz schön kalt sein kann", sprach der Wassertropfen weiter, „können wir auch zu Eis gefrieren. Wir gelangen dann durch Winde manchmal in noch größere Höhen, sodass weitere Wassertropfen an uns anfrieren. Irgendwann fallen wir danach, wenn wir schon richtige große Eisbrocken aus vielen Eisschichten sind, als schwere Hagelkörner mit riesiger Geschwindigkeit zu Boden. Dabei können wir Autos, Gebäude und Pflanzen beschädigen. Auch Menschen sind dadurch schon verletzt worden."

„Das klingt schlimm", sagte Max, „zum Glück habe ich noch nie ein Hagelgewitter erlebt!"

„Meistens geht es aber recht friedlich zu bei uns", sprach der Wassertropfen weiter. „Normalerweise lande ich als Regen irgendwo auf der Erde, gelange dann in ein Bächlein, das auf seinem Weg zu einem größeren Fluss wird und am Ende seines Weges in das Meer fließt."

„Toll, du bist dann im Meer", rief Max.

„Ja, ich bin dann im riesigen Meer und nach einiger Zeit verdunste ich an der Meeresoberfläche und steige auf zu den Wolken. Es ist wie ein Tanz, der niemals aufhört."

Max blickte zum Himmel hinauf. Die Sonne war zwar nun ganz aufgegangen und stand leuchtend über dem Garten, der Himmel aber war zum Teil mit dunklen Wolken bedeckt.

„Ich glaube, es wird Zeit für mich", sprach der Wassertropfen. „Es ist durch die Sonne schon sehr warm geworden, ich muss wohl weiterreisen."

Max blickte auf seinen Fahrradsattel. Der Wassertropfen war verschwunden. „Lebe wohl, Wassertropfen", verabschiedete sich Max.

„Auf Wiedersehen, Max!", rief ihm der Wassertropfen lachend aus der Luft zu.

Es wurde ein schöner Ausflug. Am Nachmittag, Max und seine Mutter wollten sich schon auf den Nachhauseweg machen, sah Max schwere Regenwolken herankommen. Gleich danach spürte er schon die ersten Tropfen auf seiner Haut. Einer dieser Tropfen aber setzte sich zu ihm auf die Nase und lachte. Nun verstand Max, warum der Wassertropfen am Morgen „Auf Wiedersehen“ und nicht „Lebe wohl“ gesagt hatte.

Erklärungen

Luftfeuchtigkeit

Die Erde ist von einer Luftschicht umgeben, die Atmosphäre genannt wird. In den unteren Schichten der Atmosphäre enthält Luft immer Wasserdampf. Wasserdampf bezeichnet Wasser im gasförmigen Zustand. Ihr müsst euch vorstellen, dass Wasserdampf ganz durchsichtig ist. Auch die Luft um euch herum enthält Wasserdampf, der unsichtbar ist.

Alle Lebewesen, besonders aber Pflanzen, verdunsten Wasser. Große Bäume z. B. können an einem Tag bis zu 100 Liter Wasser durch Verdunstung als Wasserdampf abgeben.

Unter Luftfeuchtigkeit versteht man diesen gasförmigen Anteil des Wassers in der Luft. Man gibt die Luftfeuchtigkeit in Gramm Wasserdampf pro Kubikmeter Luft an. Je wärmer die Luft ist, desto höher kann die Luftfeuchtigkeit sein.

Kühlt Luft ab, so muss sie ab einer bestimmten Temperatur Wasserdampf abgeben, weil sie nur eine gewisse größte Menge an Wasserdampf enthalten kann. Das geschieht, indem Wasserdampf zu Wasser kondensiert, das heißt wieder zu Wasser wird. Jene Temperatur, bei der das passiert, nennt man Taupunkt.

Wolkenbildung und Regen

Zur Wolkenbildung kommt es, wenn Luft in der Atmosphäre unter den Taupunkt abkühlt. Wasserdampf kondensiert zu Tröpfchen, und einzelne Tröpfchen verbinden sich, wenn sie sich berühren, durch die Anziehungskräfte zwischen den Tröpfchen zu größeren Tropfen. Zur Verflüssigung sind so genannte Kondensationskeime nötig und hilfreich. Das können Sand- oder Staubkörner, Blütenpollen oder große Moleküle in der Luft sein. Werden die kondensierten Tropfen zu schwer, fallen sie als Regen auf die Erde.

Zur Bildung von Tau kommt es aus genau demselben Grund. Kühlt bodennahe Luft in der Nacht ausreichend ab, kondensiert ein Teil des Wasserdampfs nun an Gegenständen und Pflanzen als Tautropfen. Das kann auch im Winter geschehen, der Tau gefriert und bildet den Raureif.

Nebel ist übrigens physikalisch identisch mit Wolken, er besteht aus an Kondensationskeimen kondensierten Wassertropfen: Nebel ist am Boden, Wolken sind am Himmel.

Schnee und Hagel

Ist die Luft in der Atmosphäre ausreichend kalt, kann Wasserdampf beim Kondensieren gefrieren. So entstehen Eiskristalle. Beim Nach-unten-Fallen wachsen diese Eiskristalle weiter, weil Luftfeuchtigkeit an ihnen kondensiert und gefriert. Dieser Prozess geht langsam vor sich und ist von der Lufttemperatur abhängig. Das Wachstum von Schneeflocken ist ein sehr individueller Prozess, weil beim Nach-unten-Schweben Luftschichten unterschiedlicher Temperatur durchquert werden. Aus diesem Grund sind alle Schneeflocken in ihrer Form verschieden: keine zwei gleichen einander.

Hagelkörner bilden sich in Gewitterwolken. Sie sind gefrorene Wassertropfen, die durch starke Aufwinde hoch in die Wolken transportiert werden. Weiteres Wasser gefriert an ihnen, bis schichtförmig Eisbrocken heranwachsen. Sind diese schwer genug, fallen sie mit Geschwindigkeiten von über 100 km/h zur Erde, wo sie großen Schaden verursachen können.

Das kleine Bakterium

Werner Gruber

Tag für Tag findet in unserem Körper gar Ungeheuerliches statt. Unser Körper ist eine wunderbare Maschine, mit der wir laufen und springen können. Mit unseren Augen können wir andere sehen, und mit unseren Ohren können wir zuhören. Wenn wir einen Apfel essen, so müssen wir diesen im Mund zerkauen, runterschlucken und im Bauch wird der Apfel in allerkleinste Teilchen zerlegt. Diese kleinsten Teilchen gelangen dann überall in den Körper. Damit der Apfel ganz klein zerlegt werden kann, bedarf es vieler kleiner Helfer. Von diesen Helfern, man nennt sie auch Bakterien, soll nun die folgende Geschichte erzählen.

Der Anfang einer abenteuerlichen Reise

Vor langer Zeit lebte im Bauch, in einer warmen dunklen Höhle, ein kleines Bakterium mit seinen Artgenossen. Die meiste Zeit über saßen die Bakterien eng aneinander geschmiegt in ihrer Höhle und schlummerten vor sich hin. Nur wenn ein Strom mit Nahrung in ihre Höhle kam, wachten die Bakterien auf und stürzten sich auf ihr Mahl. Doch schon bald nachdem sie gegessen hatten, schliefen die Bakterien wieder ein, eines eng an das andere gekuschelt. So verging das Leben des kleinen Bakteriums mit Essen und Schlafen und das kleine Bakterium fühlte sich wohl inmitten seiner Freunde.

Eines Tages jedoch geschah etwas Unerwartetes. Ein Strudel einer roten Flüssigkeit drang in die Höhle ein, erfasste das kleine Bakterium und riss es mit sich fort. Das kleine Bakterium trieb mit der Flüssigkeit aus der Höhle davon. Allmählich unterschied das kleine Bakterium viele rote Plättchen, die der Flüssigkeit ihre rote Farbe verliehen. Sie schienen es alle ziemlich eilig zu haben. Zaghaft fragte das

kleine Bakterium eines von ihnen: „Kannst du mir sagen, wo wir hier sind?"

Das rote Plättchen antwortete ungeduldig: „Halte mich nicht auf. Ich habe es eilig. Ich muss Sauerstoff von der Lunge holen und den Magen damit versorgen. Ich darf mich nicht verspäten. Sonst bekommen wir alle große Schwierigkeiten." Und schon war es in der Menge der anderen Plättchen untergetaucht. Das kleine Bakterium war recht verwirrt. Es wusste weder, was Sauerstoff noch was ein Magen war. Die roten Plättchen schienen ziemlich wichtig zu sein, zumindest taten sie so. Zwischen den roten Plättchen schwammen große weiße Klumpen. Sie hatten eine raue Oberfläche und lange Tentakelarme. Dem kleinen Bakterium kamen diese Klumpen recht bedrohlich vor, und es getraute sich nicht, sie anzusprechen.

Auf einmal spürte es, wie von hinten etwas nach ihm griff. Das kleine Bakterium versuchte zu entkommen, doch ehe es sich versah, hatten sich die Tentakel eines großen weißen Klumpens um das kleine Bakterium geschlungen. Ihm wurde angst und bang.

„Na Kleiner, du gehörst aber nicht hier her", sagte der weiße Klumpen.

„Ich weiß nicht, wo ich bin und warum ich hier bin", stammelte das kleine Bakterium. „Meine Freunde fehlen mir so sehr. Du tust mir weh, weil du mich so festhältst."

Da ließ der Klumpen das Bakterium los und lachte schallend. „Wo wir hier sind, möchtest du wissen? Dies ist eine Vene. Die roten Plättchen werden auch Blutkörperchen genannt. Sie haben Sauerstoff überall hingebracht, wo er gebraucht wird. Nun sind sie auf dem Rückweg zur Lunge, wo sie ihre Rucksäckchen erneut mit Sauerstoff füllen. Von dort werden sie sich wieder auf den Weg durch die Arterien machen, um ihre wertvolle Last zu verteilen."

„Ja, aber was ist denn eine Vene?", wollte das kleine Bakterium wissen.

„Venen und Arterien sind elastische Rohre, die den gesamten Körper durchziehen. Die roten Blutkörperchen sind ständig darin unterwegs und meist viel zu beschäftigt, um mit irgendjemandem zu sprechen."

Das kleine Bakterium war sehr beeindruckt. „Und was tust du inmitten all der roten Blutkörperchen?", fragte es.

„Ich bin ein weißes Blutkörperchen. Ich greife ein, wenn Gefahr droht. Es gibt viele gefährliche Eindringlinge. Wenn ich einen solchen sehe, packe ich den Übeltäter mit meinen Tentakelarmen und verschlinge ihn."

Noch während das weiße Blutkörperchen sprach, hörte das kleine Bakterium ein dunkles Grollen. Das Grollen hörte schlagartig auf, und

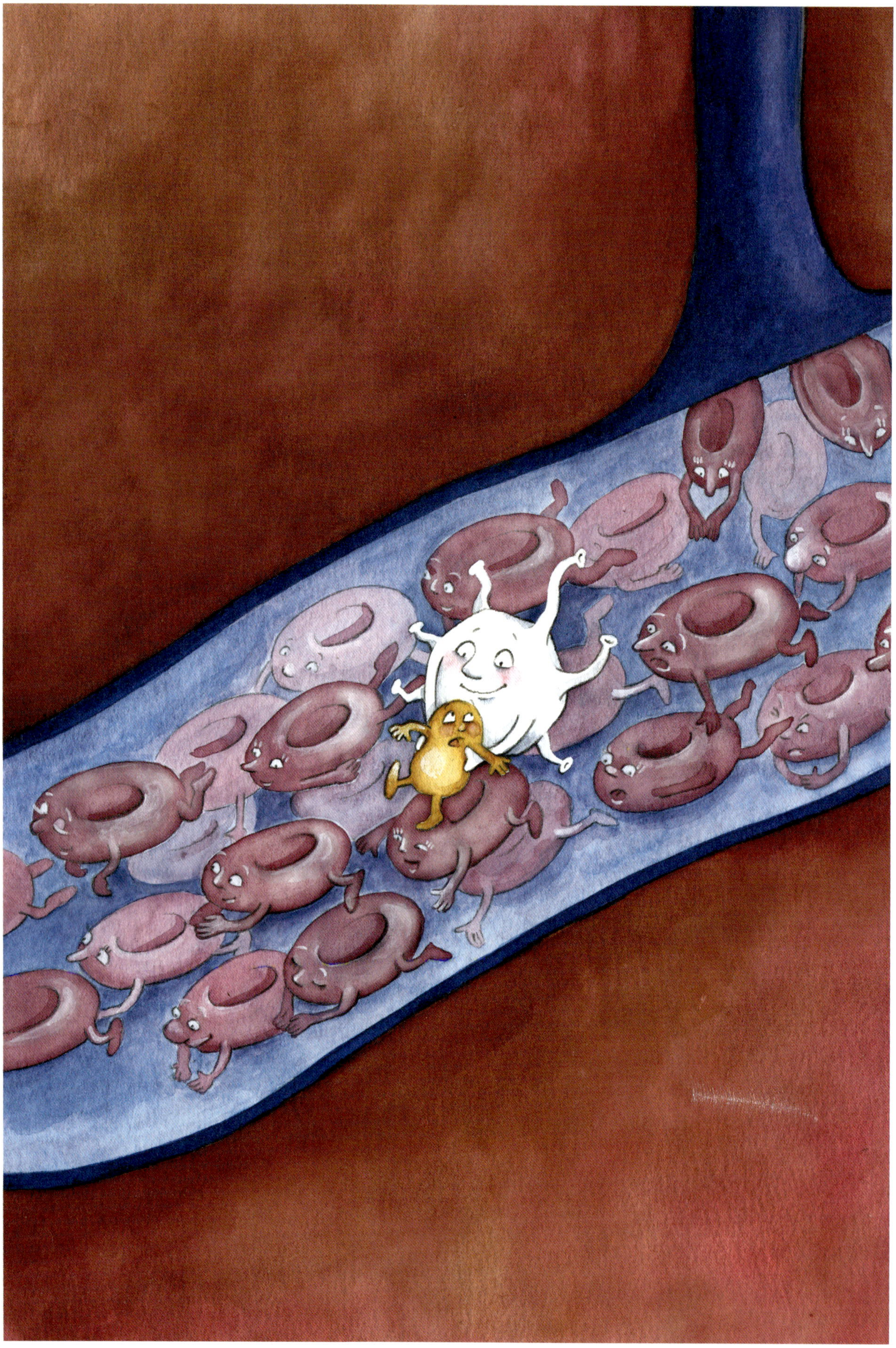

gleichzeitig blieben alle Blutplättchen, das weiße Blutkörperchen und das kleine Bakterium stehen. Gleich darauf begann das Grollen von Neuem und alle strömten weiter, um wenig später wieder anzuhalten. So bewegten sie sich ruckartig vorwärts. Das dumpfe Grollen wurde immer lauter und lauter. „Was macht denn einen solchen Lärm?", fragte das kleine Bakterium.

Das weiße Blutkörperchen schmunzelte und meinte: „Wir nähern uns dem Herzen. Fast jede Sekunde saugt es Blut aus den Venen und drückt es in die Arterien. Nur durch das Herz bekommen die Blutkörperchen genug Schwung, um durch den Körper zu strömen. Jedes Mal, wenn sich das Herz zusammenzieht, hören wir ein dumpfes Geräusch. Horch nur, wie laut es schon ist. Gleich werden wir angesaugt und in die Lunge gedrückt werden."

Durch Herz und Lunge

„Wie komme ich denn nun wieder in meine Höhle zu meinen Freunden zurück?", fragte das kleine Bakterium.

„Ich werde dich zurückbringen", versprach das weiße Blutkörperchen. „Schließlich muss ich mir ja sicher sein, dass du niemandem schadest. Aber zunächst einmal müssen wir durch das Herz und dann durch die Lunge. Achtung, gleich geht es los!" Und richtig. Das Blut hielt an und gleich darauf wurden das kleine Bakterium und das weiße Blutkörperchen ins Herz hineingesaugt. Das kleine Bakterium erschrak heftig. Es war sehr froh, das weiße Blutkörperchen in seiner Nähe zu wissen. „Gleich werden wir aus dem Inneren des Herzens gedrückt. Dabei wird es sehr laut werden", schrie das weiße Blutkörperchen, um den Lärm zu übertönen.

Da sah das kleine Bakterium eine große weiße Wand vor sich, die sich öffnete und schloss wie eine Schiebetüre. Mit einem Mal wurden sie beide durch die Türöffnung gepresst und die große weiße Türe schloss sich hinter ihnen. Gleich darauf gab es einen gewaltigen Knall, und sie wurden gemeinsam mit einem Schwall roter Blutkörperchen in die Lunge gedrückt. Die roten Blutkörperchen stürzten sich auf die kleinen Blasen, mit denen die Lunge angefüllt war. Es entstand ein großes Gedränge. Das weiße Blutkörperchen nahm das kleine Bakterium an der Hand, damit es im Gewühl nicht verloren ging. „Von diesen Blasen holen sich die roten Blutkörperchen den Sauerstoff", erklärte das weiße Blutkörperchen. „Gleich werden sie ihre Rucksäckchen voll

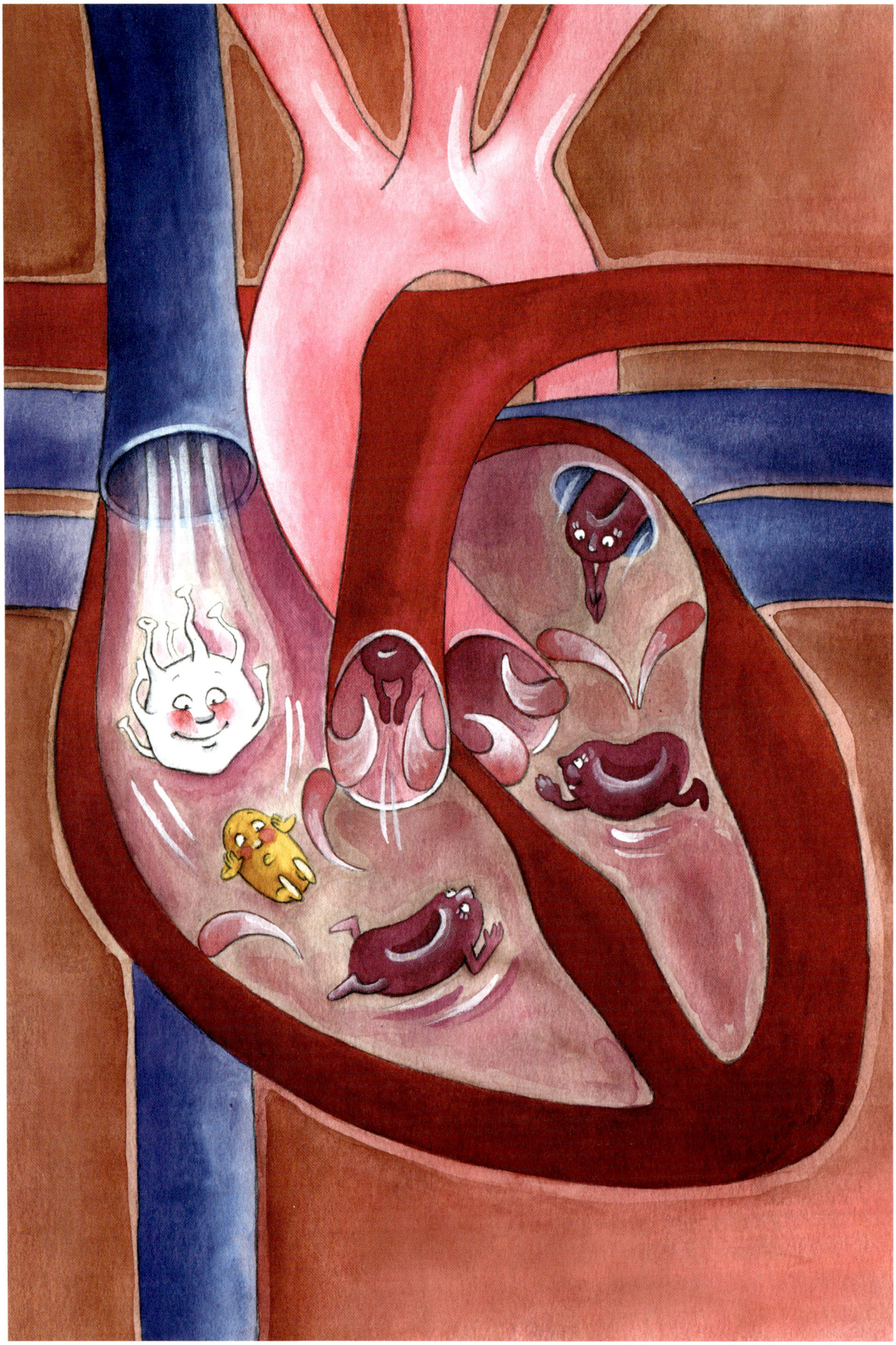

gepackt haben." Tatsächlich ließen die Blutkörperchen schon bald von den Blasen ab. „Die roten Blutkörperchen müssen sich nun beeilen, um zu den Organen zu kommen."

„Was sind Organe?", fragte das kleine Bakterium.

Das weiße Blutkörperchen lächelte. „Wir leben in einem Körper. Darin hat jedes Organ seine Aufgabe. Zwei dieser Organe hast du nun schon kennen gelernt. Das Herz ..."

„Und die Lunge", ergänzte das kleine Bakterium eifrig. „Welche gibt es denn noch?"

„Als Nächstes werde ich dir das Gehirn zeigen. Dies ist ein ganz besonderes Organ, das fast alles im Körper steuert. Der Weg dorthin ist nicht einfach zu finden. Bleibe daher immer dicht an meiner Seite", antwortete das weiße Blutkörperchen.

Weiße Gebirge und böse Gesellen

Die beiden Gefährten schwammen nun im Blutstrom zum Gehirn. Die Röhren wurden allmählich enger. Links und rechts zweigten kleinere Arterien ab. „Gleich müssen wir nach rechts abbiegen", kündigte das weiße Blutkörperchen an. Das kleine Bakterium hielt sich am weißen Blutkörperchen fest, denn es wollte schließlich nicht in den Weiten des Körpers verloren gehen. „Ich glaube, wir sind falsch abgebogen", sagte das weiße Blutkörperchen plötzlich. „Pass nur auf, dass du bei mir bleibst." Das kleine Bakterium klammerte sich noch fester an das weiße Blutkörperchen. Von Weitem sahen die beiden helles Licht. Das Licht wurde stärker und stärker, je weiter sie vorankamen. Das Bakterium war ganz geblendet und fürchtete sich. „Das Licht schadet uns nicht, wenn wir hier nicht allzu lange bleiben", beruhigte es das weiße Blutkörperchen. „Im Übrigen weiß ich jetzt wieder, wo wir sind. Dort vorne sehe ich auch schon einige meiner Freunde." Und tatsächlich sah das kleine Bakterium einige weiße Blutkörperchen, die mit ihren Tentakeln in einem grässlichen Schleim nach unansehnlichen gelben Brocken fischten. Sie zogen die Brocken aus dem Schleim, schlangen ihre Tentakelarme um sie, um sie schließlich aufzufressen.

„Was ist das für ein Schleim und warum schleppen diese weißen Blutkörperchen sich mit den gelben Brocken ab?", fragte das kleine Bakterium.

„Wir sind im Mund", antwortete das weiße Blutkörperchen. „Das weiße Gebirge vor dir sind die Zähne." Dabei deutete das weiße Blut-

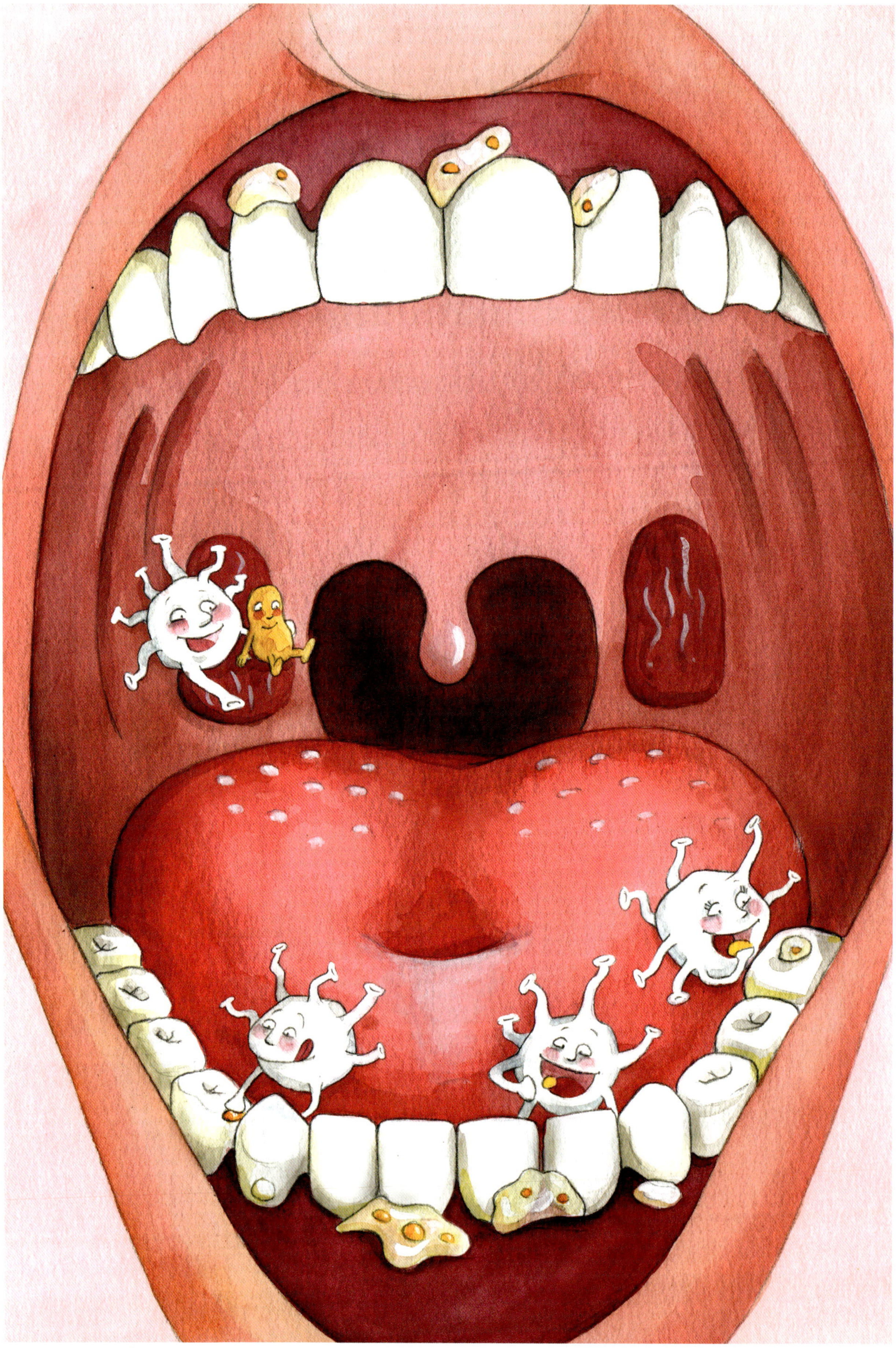

körperchen auf die großen Berge vor ihnen. Manche der Zähne hatten große unansehnliche Flecken. „Diese Zähne braucht unser Mensch, um seine Nahrung zu zerkauen. So bekommt der Magen Stücke, die klein genug sind, um sie in Säure aufzulösen. Die Menschen essen manchmal sehr harte Dinge, wie Nüsse oder Karotten. Die Zähne müssen sehr fest sein, um auch solche Nahrung zerkleinern zu können. Mit der Nahrung kommen jedoch auch kleine böse Bakterien in den Körper. Meist bleiben Reste vom Essen im Mund. Die Reste fressen die bösen Bakterien und geben dabei den Schleim ab, den du hier überall siehst. Dieser schadet den Zähnen ungemein. Die Zähne werden kaputt und brechen schließlich ab. Als hätten wir weiße Blutkörperchen nicht ohnehin schon genug zu tun, müssen sich meine Freunde hier auch mit den Zahnbakterien plagen. Dabei könnte man so gut dafür sorgen, dass diese bösen Bakterien hier gar nicht heimisch werden."

„Wie denn?", fragte das kleine Bakterium.

„Es reicht, sich nach dem Essen die Zähne zu putzen", antwortete das weiße Blutkörperchen. „Dabei werden mit einer kleinen Bürste, Zahnpasta und Wasser die Speisereste zwischen den Zähnen herausgelöst. Die bösen Bakterien finden dann nichts zu essen und können auch keinen Schleim erzeugen. So bleiben die Zähne gesund."

Da hatte das kleine Bakterium eine Idee. „Liebes weißes Blutkörperchen, du hast doch gesagt, dass das Gehirn alles steuert. Warum erzählst du dem Gehirn nicht einfach, dass die Zähne geputzt werden müssen?"

Das große weiße Blutkörperchen dachte nach. Dabei sanken seine langen Arme nach unten und es rollte ganz drollig mit den Augen. „Die Idee ist gut", antwortete es schließlich. „Aber ob das Gehirn auch auf mich hören wird? Ich bin doch nur ein einfaches weißes Blutkörperchen", fügte es seufzend hinzu und runzelte die Stirn.

„Bitte, bitte! Lass uns dem Gehirn von den ungeputzten Zähnen erzählen", bat das kleine Bakterium.

„Also gut, wir wollen es versuchen", stimmte das weiße Blutkörperchen zu. Es nahm das kleine Bakterium bei der Hand, und sie sprangen wieder in den Blutkreislauf.

Botschaften an das Gehirn

Nach einer kurzen Reise fanden sich das kleine Bakterium und das weiße Blutkörperchen in einem Gewirr grauer Äste wieder. Rote Blutkörperchen gaben pflichtbewusst den Sauerstoff an die grauen Äste ab, um sich gleich darauf wieder auf den Weg zur Lunge zu machen. Es schien unzählige dieser kleinen Äste zu geben, die miteinander verbunden waren. Ab und zu sah man weiße Blitze und das kleine Bakterium hörte ein Flüstern, wie von tausenden und abertausenden Stimmen. Es versuchte, den Stimmen zu lauschen, doch es konnte kein Wort verstehen. „Dies ist das Gehirn", erklärte das weiße Blutkörperchen feierlich. „Von hier wird alles gesteuert, was in diesem Körper vorgeht. Die Äste, die du hier siehst, sind Neuronen. Aus ihnen besteht das gesamte Gehirn. Ein Neuron sieht aus wie ein Baum. An seinen Wurzeln erhält ein Neuron Mitteilungen von anderen Neuronen, und über die Blätter gibt es die Botschaften weiter. Manche der Botschaften behält das Neuron für sich, andere leitet es an andere Neuronen weiter. Jedes Flüstern, das du hörst, ist eine solche Botschaft."

„Was sind denn das für Botschaften", fragte das kleine Bakterium, „und wer schickt sie?"

„Die Botschaften kommen von der Haut, den Augen, den Ohren, der Nase oder den Muskeln. Du weißt doch bestimmt, wozu es Augen und Ohren gibt?"

Das kleine Bakterium blieb stumm und sah das weiße Blutkörperchen mit großen Augen an. So begann das weiße Blutkörperchen zu erklären: „Die Augen braucht der Mensch zum Sehen. Mit den Augen sieht der Mensch andere Menschen und er kann Hindernissen ausweichen. Menschen können miteinander sprechen. Dazu brauchen sie einen Mund und Ohren. Den Mund mit den Zähnen hast du ja schon kennen gelernt. Dort entstehen Töne, die durch die Luft zu anderen Menschen getragen werden. Um andere Menschen zu hören, braucht man Ohren. Ein Teil der Ohren steht wie eine Schale vom Körper ab. Diese Schalen sind dazu da, Töne aufzufangen und ins Innere des Ohres zu leiten. Das Ohr gibt die Botschaften an das Gehirn weiter. Nun müssen wir aber weiter, ins Innere des Gehirns. Sei nur ja vorsichtig. Wir dürfen keinen dieser Äste beschädigen, das hätte schlimme Folgen. Denn wenn die Botschaften, die von den Augen oder Ohren kommen, stecken bleiben, sieht oder hört der Mensch nichts mehr."

Das weiße Blutkörperchen nahm nun das kleine Bakterium bei der Hand und ganz vorsichtig, nur auf Zehenspitzen, machten sich die bei-

den auf den Weg. Einmal kam das weiße Blutkörperchen einem Ast zu nahe und konnte gerade noch rechtzeitig den Bauch einziehen. Das Flüstern wurde immer lauter, und die Lichtblitze wurden immer mehr. „Das Gehirn ist so groß und weiß so viel", dachte das kleine Bakterium sorgenvoll. „Ob es sich vom weißen Blutkörperchen etwas sagen lässt?" Das weiße Blutkörperchen steuerte zielstrebig auf einen dicken Ast zu. Es legte einen seiner langen Tentakelarme um den Ast und fragte: „Hallo Neuron, verstehst du mich?" Es erhielt keine Antwort. Da schlang das weiße Blutkörperchen seinen Arm ein bisschen fester um das Neuron und fragte wieder: „Hallo Neuron, hörst du mich?" Das weiße Blutkörperchen und das kleine Bakterium lauschten angestrengt. Da vernahmen sie im Stimmengewirr ein leises „JA. JA." „Kannst du eine Botschaft von mir an all deine Neuronenfreunde schicken?", fragte das weiße Blutkörperchen weiter. „JA. JA", kam die Antwort. „Wir können nun mit dem Gehirn sprechen", sagte das weiße Blutkörperchen zum kleinen Bakterium, das sich an einem seiner Tentakel festhielt. „Aber Neuronen können immer nur mit JA oder NEIN antworten." Das weiße Blutkörperchen wandte sich wieder dem Neuron zu. „Sag all den Neuronen, dass sie dafür sorgen sollen, dass der Körper sich die Zähne putzt. Sonst wird der Mensch große Schmerzen haben und die Zähne werden ihm ausfallen. Zähne putzen ist wichtig!" „JA. JA", antwortete das Neuron. „Wird sich der Mensch nun die Zähne regelmäßig putzen?", fragte das weiße Blutkörperchen. „JA. JA", lautete nochmals die Antwort. Da umarmte das kleine Bakterium das weiße Blutkörperchen. So sehr freute es sich darüber, dass sein Plan gelungen war. Nun würde sich der Mensch öfter die Zähne putzen.

Der gefährliche Säuresee im Magen

Trotz all der Wunder, die das kleine Bakterium sah, und trotz des neuen Freundes verspürte es plötzlich großes Heimweh. „Großes weißes Blutkörperchen", sagt es, „es war sehr interessant, mit dir zu reisen, und du bist mir ein lieber Freund geworden. Aber ich sehne mich nach der heimatlichen Höhle zurück. Kannst du mich nun wieder nach Hause bringen."

„Aber natürlich bringe ich dich wieder zurück", antwortete das weiße Blutkörperchen. „Du gehörst ja nicht hierher und hättest großen Schaden anrichten können. Es wird jedoch ein beschwerlicher Weg. Ich werde dir dabei helfen." Das weiße Blutkörperchen nahm das

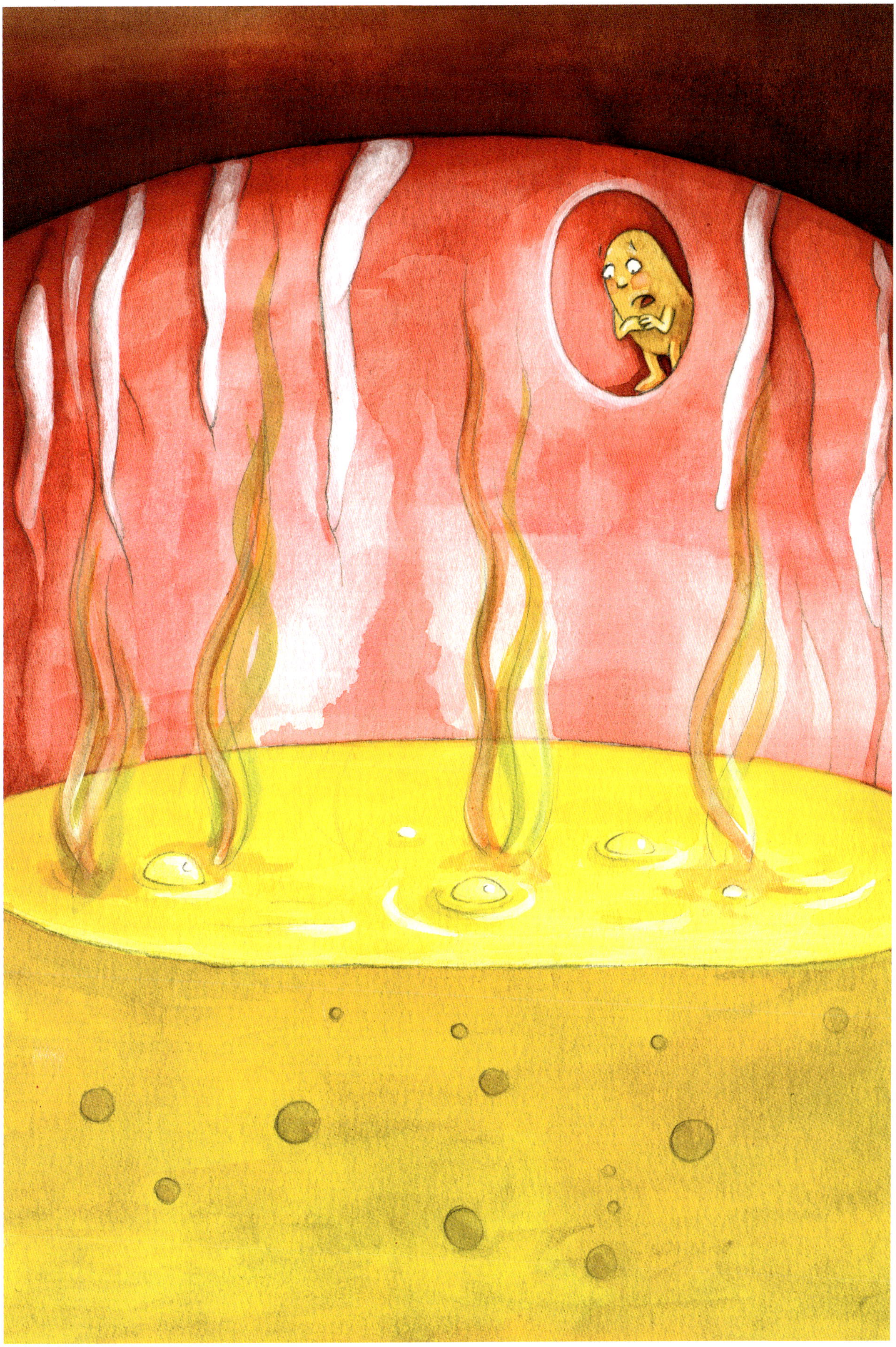

kleine Bakterium bei der Hand, und die beiden gingen vorsichtig durch das Gehirn zurück. Das weiße Blutkörperchen führte das kleine Bakterium zurück zur Mundhöhle.

„Nun musst du allein weitergehen, liebes Bakterium", sagte das weiße Blutkörperchen. „Geh immer weiter vom Licht fort. So gelangst du zu einem großen dunklen Gang, der immer weiter hinunterführt. Am Ende des Gangs findest du eine kleine Tür. Dahinter verbirgt sich der Magen. Klopfe an die Tür und gehe dann zur Seite. Wenn die Tür sich geöffnet hat, warte ein wenig, bevor du hineingehst. Der Magen muss Nahrung noch kleiner machen, als es die Zähne bewerkstelligen können. Deshalb gibt es im Magen viel Säure, die dir sehr gefährlich werden kann. Du darfst sie keinesfalls berühren. Betritt den Magen sehr vorsichtig und suche dir einen Weg durch die Schleimschicht, mit der der Magen ausgelegt ist. Diese Schicht verhindert, dass die Säure den Magen zerstört. Auch du bist darin geschützt. Am Ende des Magens befindet sich wieder eine Tür, durch die du in den Darm gelangst. Lass dich im Darm einfach treiben. So kommst du zu deiner Höhle." Das kleine Bakterium hatte aufmerksam zugehört, und ihm war gar nicht wohl bei dem Gedanken, allein weiterzureisen.

Plötzlich schleuderte das weiße Blutkörperchen kleine Kugeln ins Blut. „Kleines Bakterium, weg von hier!", rief es. „Dort vorne sind gefährliche Viren. Sie können großen Schaden anrichten. Wenn die anderen weißen Blutkörperchen die Kugeln sehen, die ich ins Blut geworfen habe, werden sie kommen und mir helfen, die bösen Viren zu bekämpfen. Geh nur schnell, damit dir nichts geschieht."

Das kleine Bakterium und das weiße Blutkörperchen umarmten einander innig. „Danke, dass du mir all die wunderbaren Dinge im Körper gezeigt hast", sagte das kleine Bakterium. „Ich werde meinen Freunden erzählen, wie gut du auf diesen Körper aufpasst."

Die beiden Freunde lächelten einander zu. Dann bewegte sich das weiße Blutkörperchen zu den gefährlichen Viren, und das kleine Bakterium hüpfte in den Schlund.

Es dauerte nicht lange, und das kleine Bakterium gelangte zu einer kleinen Tür. Es klopfte an und trat zur Seite. Als die Tür aufging, spritzte eine weiße, brodelnde Flüssigkeit aus dem Magen. Sie traf mit einem Zischen auf und bildete unansehnliche Blasen. Das kleine Bakterium krabbelte vorsichtig an den dampfenden Blasen vorbei in den Magen. Der Magen war gefüllt von einem großen See aus Säure, in dem es brodelte und dampfte. Darin schwammen Nahrungsbrocken, die mit der Zeit immer kleiner wurden. Das kleine Bakterium verkroch sich in der schützenden Schleimschicht an der Magenwand. Dort konnte ihm die Säure nichts anhaben. Der Schleim war zäh, und das Bakterium kam darin nur mühsam vorwärts. Endlich hatte es den Magen durchquert. Wieder öffnete sich eine kleine Tür, durch die es in den Darm gelangte. Hier wurde das kleine Bakterium mit sanften langsamen Bewegungen vorwärts getragen.

Schon bald hörte es die Stimmen seiner Freunde und endlich, endlich war es wieder in der heimatlichen Höhle. All seine Artgenossen scharten sich um das kleine Bakterium. Sie wurden nicht müde, zu hören, was das kleine Bakterium erlebt und erfahren hatte. Und das kleine Bakterium erzählte vom Herzen und von der Lunge, von den roten Blutkörperchen, den wunderlichen Neuronen im Gehirn und vom gefährlichen Säuresee im Magen. Am meisten aber sprach es vom weißen Blutkörperchen, das ihm ein so lieber Freund geworden war.

Erklärungen

Bakterien

Unter Bakterien versteht man kleinste Lebewesen, die eigentlich den Pflanzen zuzuordnen sind. Sie finden sich in allen Lebensbereichen der Erde: zu Wasser, zu Land und in der Luft. Manche dieser Bakterien sind für den Menschen harmlos, manche sind lebensgefährlich und manch andere sind für den Menschen lebenswichtig. Bakterien sorgen für Verwesung. Das klingt im ersten Moment sehr schrecklich, ist aber für das Überleben aller Lebewesen absolut notwendig. Die Abfälle des Menschen werden durch Bakterien zerlegt. Diese zerlegten Stoffe können dann wieder von anderen Lebewesen weiterverwendet werden. Stellt euch eine Welt vor, in der die Apfelschalen nicht „verschwinden", sondern immer bestehen bleiben.

Manche Bakterien sind alleine harmlos, zum Beispiel richten die Salmonellen selbst keinen Schaden an. Aber diese Bakterien setzen ein Gift frei, wenn sie Lebensmittel verdauen. Dieses Gift ist für den Menschen sehr gefährlich. Daran kann man auch sterben.

In der Mundhöhle befinden sich bei vielen Menschen so genannte Milchsäurebakterien. Diese Bakterien verdauen Speisereste. Dabei entsteht Säure. Diese Säure zerstört die Zähne und das Zahnfleisch. Deshalb sollte man sich die Zähne putzen. Gibt es keine Nahrung für diese Milchsäurebakterien, dann können sie auch keine Säure produzieren.

Damit keine ungewollten Bakterien in den Körper kommen, gibt es Sicherheitssperren. Eine Sperre gegenüber gefährlichen Bakterien ist die Haut. Nur wenige Bakterien können über die Haut in den Körper eindringen.

Auch durch den Magen könnten Bakterien in den Körper gelangen. Dies wird durch die Magensäure verhindert. Diese Säure ist sehr stark und zerstört normalerweise alles Lebendige. Trotzdem gibt es ein ganz gemeines Bakterium: der Heliobakter. Dieses Bakterium kann sich in die Schleimhaut des Magens einnisten. Dort kann die Säure nicht wirken, und das Bakterium kann beginnen, den Magen zu zerstören. Das lässt sich aber ganz leicht verhindern. Man verabreicht den Patienten oder Patientinnen einfach Antibiotika. Diese Medikamente zerstören alle Bakterien im Körper. Dadurch werden die gefährlichen Bakterien zerstört. Aber leider auch die Guten. Diese befinden sich im Darm. Dort zerkleinern sie den Nahrungsbrei sehr gründlich. Diese Bakterien werden Kolibakterien genannt.

Blut

Ein Erwachsener hat rund vier bis fünf Liter Blut. Das Blut selbst erscheint uns rot. Dennoch ist nur ein Teil davon rot. Das Blut besteht aus Plasma und aus Zellen, die im Blut leben. Das Plasma ist durchsichtig und besteht aus Wasser, Salzen und Eiweißstoffen, daraus besteht auch das Eiweiß. Im Blut leben vor allem rote Blutkörperchen. In einem Kubikmillimeter leben rund viereinhalb bis fünf Millionen rote Blutkörperchen. Sie haben die Aufgabe, Sauerstoff von der Lunge in alle Bereiche des Körpers zu transportieren. Zusätzlich nehmen die roten Blutkörperchen auch die Abfallprodukte von allen Bereichen des Körpers mit und transportieren diese einerseits zur Lunge und andererseits zur Niere. So wird über die Lunge Kohlenstoffdioxid abgegeben, während Sauerstoff aufgenommen wird. Die weißen Blutkörperchen sind eigentlich farblos. Sie sorgen für einen sauberen Körper. Fremdstoffe und Bakterien werden von den weißen Blutkörperchen einfach aufgefressen. Treten an einer Stelle besonders viele Bakterien auf, dann können andere weiße Blutkörperchen herbeigerufen werden. In einem Kubikmilimeter befinden sich rund 6000 weiße Blutkörperchen. Es gibt verschiedene andere Substanzen, die sich im Blut befinden. Diese sorgen dafür, dass zum Beispiel das Blut bei einer Wunde hart und fest wird. Dadurch hört die Wunde nach einer kurzen Zeit auf zu bluten.

Herz

Das Blut wird durch das Herz durch unseren Körper gepumpt. Einerseits wird das Blut über die Venen angesaugt und andererseits wird das Blut in die Arterien gedrückt. Die Arterien verzweigen sich und werden dabei immer kleiner. Wenn sie die Organe wie Lunge, Gehirn oder auch den Magen erreichen, dann sind sie ganz klein. Dort müssen sich die Blutkörperchen durch das Organ quetschen. Dann kommen sie in die Venen. Diese Venen sind in den Organen noch sehr klein. Aber je näher wir zum Herzen kommen, umso größer werden diese Venen. Mehrere kleine Venen werden zu einer größeren Vene.

Hört das Herz auf zu schlagen, dann kann der Körper nicht mehr mit Sauerstoff versorgt werden. Besonders für das Gehirn ist Sauerstoff sehr wichtig. Erhält das Gehirn für fünf Minuten keinen Sauerstoff, so wird es sehr geschädigt.

Lunge

In der Lunge können die roten Blutkörperchen den Sauerstoff aufnehmen und das Kohlenstoffdioxid abgeben. In der Lunge befinden sich besonders viele Arterien. Diese Arterien werden besonders klein. Zusätzlich befinden sich in der Lunge besonders viele kleinste Luftbläschen. Wenn wir einatmen, dann füllen sich diese Luftbläschen mit Luft. Wenn die Luftbläschen voll gefüllt sind, können die roten Blutkörperchen den Sauerstoff aufnehmen.

Wenn wir schädliche Luft mit viel Staub einatmen, dann können diese kleinsten Bläschen verstopft werden. Die roten Blutkörperchen können dann keinen Sauerstoff mehr aufnehmen, und der Körper wird mit zu wenig Sauerstoff versorgt.

Gehirn

Das Gehirn hat die Aufgabe, den Körper zu steuern. Mit den Augen sehen wir, mit den Ohren hören wir und mit der Haut spüren wir eine Berührung. Aber erst das Gehirn gibt dem Gesehenen, dem Gehörten und dem Gespürten eine Bedeutung. So können wir uns auch eine Person vorstellen, wenn wir die Augen geschlossen haben. Wenn wir etwas lernen oder wenn wir eine Entscheidung treffen, dann macht das eigentlich unser Gehirn.

Mathilda

Natascha Riahi

Elwin

In einem kleinen Dorf auf dem Planeten Erde lebte ein Mädchen mit dem Namen Mathilda. Das Dorf war von Wiesen und Wäldern umgeben und lag am Fuße eines hohen Berges.

An ihrem sechsten Geburtstag ging Mathilda mit Mutter und Vater den Berg hinauf. Ihr Weg führte zu einer Wiese, von der man auf ihr kleines Dorf hinuntersehen konnte. Gemeinsam breiteten sie eine Decke aus und legten alle guten Dinge darauf, die sie für ihre Mittagsmahlzeit mitgebracht hatten. Während sie aßen, betrachteten sie die Blumen und sahen den Schmetterlingen zu. Da bemerkte die Mutter am Rand der Wiese, wo ein dichter Wald begann, einen Holzstoß. „Das wundert mich sehr", sagte der Vater. „Es ist doch in diesem Wald verboten, Bäume zu fällen."

Nach dem Essen streckten sich die Eltern auf der Decke aus, um ein wenig zu schlafen. Mathilda aber wollte einstweilen im Wald Heidelbeeren pflücken. Ein schmaler Weg führte bergauf durch dichten Wald. Mathilda erschienen die Beeren an jedem Strauch leuchtender und süßer als am vorherigen und so lief sie weiter und weiter den Berg hinauf. Schließlich kam sie an eine Lichtung, auf der sie noch nie gewesen war. Dort entdeckte sie einen hohen, dicht bewachsenen Himbeerstrauch. Doch diese Beeren wollten sich einfach nicht pflücken lassen. Immer wenn sie nach einer griff, bog sich der Ast zur Seite, und die Beere glitt aus ihren Fingern. Als sie sich so vergeblich bemühte, war es ihr plötzlich, als hörte sie ein leises Kichern. Schnell bückte sie sich und bog die Zweige des Himbeerstrauchs auseinander.

Da erblickte sie ein Wesen, von dem ein weißes Leuchten ausging. Sein Köpfchen war nicht größer als ihre Hand. Mit einem seiner win-

zigen Händchen hielt es sich am Himbeerstrauch fest, das andere presste es lachend gegen sein Bäuchlein. „ Ja wer bist denn Du?“, fragte Mathilda voll Staunen.

Da hörte das Wesen zu lachen auf und kletterte aus dem Himbeerstrauch. Etwas verlegen stand es nun vor Mathilda, die sich niederkniete um es besser betrachten zu können. „Ich bin Elwin vom Volk der Elfen. Es gehört sich nicht für Elfen, Menschen Streiche zu spielen, aber es war gar zu lustig, dich ein wenig zu necken. Sagst mir nun auch du, wie du heißt?“

„Ich heiße Mathilda und habe mir schon lange gewünscht, einmal Elfen zu begegnen.“

„Wir Elfen leben tief im Wald und halten uns gewöhnlich vor den Menschen verborgen“, sagte Elwin, während er Mathildas Hand mit Himbeeren füllte. „Doch wir haben gehört, dass ein gewaltiger Zauberer den Wald vernichten und die Menschen der Umgebung in seine Dienste zwingen will. So hat die Elfenkönigin mich ausgeschickt, die Menschen zu warnen und nach ungewöhnlichen Dingen Ausschau zu halten.“

„Auf der Wiese am Waldrand liegt ein Holzstoß. Meine Eltern sagen aber, dass es verboten ist, in diesem Wald Bäume zu fällen“, erzählte Mathilda.

„Das ist bedenklich“, antwortete Elwin.

Da hörten die beiden das Knacken brechender Zweige und einen dumpfen, schweren Aufschlag. Die Geräusche schienen aus der Richtung der Wiese zu kommen. „Auf der Wiese warten meine Eltern auf mich“, sagte Mathilda und stand hastig auf.

„Ich komme mit dir“, erwiderte Elwin besorgt. Er breitete seine Flügel aus und schwebte neben Mathilda her, die der Wiese zulief. Am Waldrand hielten beide an.

Der Zauberer

Mathildas Eltern standen beim Holzstoß und stapelten Holz. Bevor Elwin sie zurückhalten konnte, lief Mathilda zu ihnen. „Mama, Papa, was tut ihr denn da?“, rief sie ihnen entgegen. „Wir stapeln Holz, das siehst Du doch“, antwortete der Vater, ohne aufzublicken. Da wurde es Mathilda ein wenig ängstlich zumute. „Schaut her, ich habe euch Himbeeren mitgebracht“, sagte sie und hielt ihrer Mutter die Beeren entgegen.

„Himbeeren", wiederholte die Mutter und sah verwundert auf. „Was ist das? Und wer bist du überhaupt?"

Da erschrak Mathilda. Sicher sind meine Eltern verzaubert worden, dachte sie. „So nimm eine Himbeere", versuchte Mathilda es ein zweites Mal. „Du magst diese Beeren doch besonders gern."

Die Mutter aß Beere um Beere und der vertraute Geschmack brachte die Erinnerung wieder. Endlich war der Zauber von ihr abgefallen. „Mathilda!", rief sie und umarmte ihre Tochter. Da war Mathilda froh und lachte. Als aber der Vater das Lachen seiner Tochter hörte, fand auch er seine Erinnerung wieder. Und er ließ das Stück Holz fallen, das er eben noch in der Hand gehalten hatte.

Da näherten sich schwere Schritte aus dem Wald. Erschrocken blickte Mathilda auf den schwarz gekleideten Mann, der auf sie zukam. Er war niemand anderer als der Zauberer. „Wer wagt es, sich mir zu widersetzen?!", rief er aus. „Zur Strafe sollt ihr zu Stein werden." Er zeigte mit der Hand auf Mathildas Vater, dann auf ihre Mutter. Da fühlte Mathilda, wie etwas an ihrer Hand zerrte. Es war Elwin. „Fort, schnell fort", rief er mit schriller Stimme und deutete zum Waldrand. Als Mathilda auf den Wald zulief, sah sie zwischen den Bäumen und Sträuchern Elfen sitzen, die ihr aufgeregt zuwinkten. „Versteck dich hinter einem Baum und verhalte dich ganz ruhig. Ich bleibe bei dir", sagte Elwin. Voll Entsetzen sah Mathilda, wie ihre Eltern auf der Wiese zu Stein wurden. „Es tut mir so Leid", flüsterte Elwin Mathilda ins Ohr. „Als du auf der Wiese warst, habe ich eine Botschaft an mein Volk geschickt. Alle Elfen sind gekommen, so schnell sie konnten. Doch leider war es nicht mehr möglich, diesen schrecklichen Zauber zu verhindern." Der Zauberer sah sich nach Mathilda um und sagte mit zornbebender Stimme: „Und du kleines Mädchen, das es gewagt hat, meinen Zauber zu brechen, wirst nun ins Dorf hinuntergehen und allen berichten, was denen geschieht, die sich mir widersetzen." Da traten die Elfen aus dem Wald und kamen auf den Zauberer zu. Allen voran ging eine Elfe in einem sternenbestickten Kleid. „Dies ist unsere Königin", flüsterte Elwin Mathilda zu.

„Das Mädchen wird nicht aus dem Wald kommen, sie steht unter unserem Schutz", sagte die Elfenkönigin zum Zauberer.

„So wird auch sie zu Stein werden", antwortete der Zauberer und streckte die Hand in Richtung des Baumes aus, hinter dem Mathilda stand. Da hoben auch die Elfen die Hände, und die Verwünschung fiel auf ihren Urheber, den Zauberer zurück. Sein Körper wurde zu schwarzem Stein. Der Stein kippte um, rollte über die Wiese dem Tal zu und fiel unter lautem Gepolter in eine tiefe Schlucht. Da freuten sich die

Elfen. Sie tanzten und umarmten einander. Nur Elwin blickte besorgt auf Mathilda, und auch die Königin machte ein ernstes Gesicht, als sie auf Mathilda zutrat. „Du warst sehr tapfer, und es ist dir gelungen, den Zauber zu brechen, der deine Eltern alles vergessen ließ“, sagte sie zu Mathilda. „Aber leider bin ich zu spät gekommen, um die Versteinerung deiner Eltern zu verhindern.“ Elwin ließ beschämt das Köpfchen hängen. „Du brauchst dir keine Vorwürfe zu machen“, wandte sich die Königin an ihn. „Du hast mir deine Botschaft durch einen Lichtstrahl geschickt, und nichts bewegt sich schneller fort als Licht. Du hast getan, was du konntest, und es brauchte die Kraft vieler Elfen, um den Zauberer zu besiegen.“

„Vielen Dank, dass Sie mich vor dem Zauberer gerettet haben“, sagte Mathilda zur Königin. „Ich bitte Sie, verwandeln Sie nun auch meine Eltern zurück!“

„Gerne würde ich deine Bitte erfüllen“, antwortete die Königin. „Aber es liegt ein sehr schwerer Zauber auf ihnen, den ich nicht so einfach lösen kann. Doch ich will mein Bestes tun, um dir zu helfen. Ich werde die weisesten Elfen herbeiholen und auch ein befreundetes, weitgereistes Volk um Hilfe bitten. Lass dir von Elwin zu Essen und zu Trinken bringen. Am Abend wollen wir darüber beraten, was zu tun ist.“

Das weitgereiste Volk

Die Elfenkönigin kehrte in den Wald zurück. Lachend und tanzend folgten ihr die anderen Elfen. Nur Elwin blieb bei Mathilda. „Von welchem weitgereisten Volk hat die Königin gesprochen?“, fragte Mathilda. „Weißt du, aus welchem Land es kommt?“

„Dieses Volk kommt von weiter her, als du glaubst“, gab Elwin zur Antwort. „Denn es ist kein Volk von der Erde.“

„Ja kommt es denn von den Sternen?“, rief Mathilda erstaunt. „Von der Venus vielleicht?“

Elwin schüttelte den Kopf. „Dieses Volk kommt von einem Planeten, der viel weiter von uns weg ist als die Venus.“

„Was ist ein Planet?“, wollte Mathilda wissen.

„Ich will es dir erklären“, versprach Elwin. „Zuvor aber hole ich uns etwas zu essen.“

Der Elf breitete seine Flügel aus und war schon bald zwischen den Bäumen verschwunden. Mathilda musste nicht lange warten, da kehrte er zurück. Nie hatte sie besseres Brot gegessen, nie erfrischenderes Wasser getrunken. „All dies ist aus den Vorräten der Elfen", sagte Elwin. „Ich habe auch Beeren mitgebracht. Wir Elfen sammeln sie an entlegenen Stellen des Waldes." Während sie die süßen Beeren aßen, begann Elwin, Mathilda zu erzählen: „Die Erde ist rund, sie sieht ungefähr aus wie ein Ball, nur sehr viel größer. Dieser Ball dreht sich um einen noch viel größeren Ball, die Sonne. Die Sonne ist viel schwerer als die Erde, deshalb kann sie die Erde festhalten. Die Sonne ist ein Stern. Sie leuchtet wie alle anderen Sterne auch. Die Erde aber kann selbst nicht leuchten und wird von der Sonne angestrahlt. Darum wird die Erde Planet genannt, ebenso die Venus. Gemeinsam mit anderen Planeten kreisen Venus und Erde um die Sonne."

„Aber warum sehen wir die Venus am Himmel, wenn sie doch selbst nicht strahlt?", fragte Mathilda.

„Die Sonne beleuchtet sie", gab Elwin zur Antwort. „Die meisten funkelnden Punkte am Nachthimmel aber sind Sterne, wie unsere Sonne."

„Leuchten diese Sterne denn schwächer als die Sonne?", erkundigte sich Mathilda.

„Nein, manche sogar viel stärker, aber sie sind viel weiter weg und deshalb für uns viel weniger hell. Alle Sterne sind sehr, sehr heiß. Deshalb könnte kein Wesen auf ihnen leben. Doch so wie unsere Sonne, haben auch die meisten anderen Sterne Planeten. Und auf einigen von ihnen gibt es Wesen wie uns."

„Und bist du solchen Wesen schon begegnet?", fragte Mathilda.

„Ja", antwortete Elwin. „Und ich denke, das wirst du auch, sehr bald sogar."

Mathilda blickte auf und sah die Elfenkönigin auf sich und Elwin zukommen. Neben ihr ging ein Männlein, das kaum so groß war wie Mathilda. Seine Arme und Beine waren jedoch sehr kräftig, und es blickte beim Gehen ständig zu Boden. Hinter den beiden schwebten zwei Elfen. Die Königin begrüßte Mathilda und Elwin freundlich, dann stellte sie ihre Begleiter vor. „Dies ist Travon von Akkaron", sagte sie und zeigte auf das Männlein.

Travon verbeugte sich. „Die Menschen haben meinem Volk den Namen Zwerge gegeben. Sie dachten, wir wären Wesen der Erde. Unser Heimatplanet ist jedoch Akkaron, und unsere Heimatsonne ist von der euren weit entfernt."

„Dies ist Vitron", fuhr die Königin weiter fort und zeigte auf einen der beiden Elfen, der ein Fläschchen in der Hand hielt. „Er ist besonders in jeder Art von Lebenszauber bewandert. Und dies ist Timara", stellte die Königin die zweite Elfe vor. „Sie ist mit den Gesetzen des

Zeitzaubers vertraut." Auch Mathilda und Elwin wurden vorgestellt, und alle machten es sich auf Moospolstern bequem, die die Elfen mitgebracht hatten.

Der große Plan

„Wir wissen, welches Leid der böse Zauberer dir zugefügt hat", sagte die Königin zu Mathilda und deutete auf die beiden Steine am Wiesenrand. „Wir alle wollen dir helfen. Von Vitron werden wir nun mehr über den Versteinerungszauber erfahren."

„Wer versteinerte Personen erlösen will, muss Wasser aus einer Lebensquelle über sie gießen", begann Vitron. „Doch solch eine Quelle zu finden, ist schwer. 500 Jahre suchte ich vergeblich. Erst gestern habe ich eine Lebensquelle gefunden. Ein Fläschchen mit Lebenswasser habe ich nun mitgebracht." Vitron legte das Fläschchen in Mathildas Hände. Bevor Mathilda sich bedanken konnte, fuhr er fort. „Allerdings gibt es noch eine Schwierigkeit. Erst nach 100 Jahren kann die Versteinerung aufgehoben werden. In 100 Jahren aber hat dieses Lebenswasser seine Kraft verloren, und auch die Lebensquelle ist bis dahin längst versiegt ..."

„Wie kannst Du nur von 100 Jahren sprechen!", rief Elwin. „Dann wäre Mathilda ja schon 106. Sie ist doch keine Elfe!"

„Und besitzt nicht die Unsterblichkeit", fügte die Elfenkönigin hinzu. „Mathilda ist ein Menschenkind. Sie braucht ihre Eltern jetzt, nicht erst in vielen Jahren."

„Hier kann nur Zeitzauber helfen", ließ sich da Timara vernehmen. „Mathilda muss eine Reise unternehmen, von der sie erst in 100 Jahren zurückkommt. Für sie selbst dürfen aber nur wenige Tage vergehen."

„Eine Reise zum schwarzen Loch", murmelte Travon.

„Aber schwarze Löcher sind doch alles verschlingende Ungeheuer", wandte Elwin ein. „Dorthin darf Mathilda nicht reisen!"

„Es ist richtig, dass schwarze Löcher sehr gefährlich sind", erklärte Timara. „Denn wer ihnen zu nahe kommt, kann sich mit keiner Kraft der Welt befreien und wird unweigerlich verschlungen. Wem es aber gelingt, nahe an einem schwarzen Loch vorbeizufliegen, dessen Zeit wird angehalten. Für einen solchen Reisenden dauert sein Flug oft nur wenige Stunden. Doch wenn er zu seinem Planeten zurückkommt, sind dort viele Jahre vergangen."

„Wie ist es möglich, dass die Zeit angehalten wird?“, fragte Mathilda.

„Alles, was schwerer ist als wir, hält uns fest“, antwortete Timara. „Die Erde hält uns Menschen und Elfen fest, die Sonne die Erde und das schwarze Loch den Reisenden. Was uns aber festhält, hält auch unsere Zeit fest. Und nur weil das schwarze Loch den Reisenden gar so stark festhält, werden für ihn viele Jahre zu wenigen Stunden.“

„Wie könnte Mathilda zu solch einem schwarzen Loch gelangen?“, fragte die Elfenkönigin.

„Akkaron liegt nahe eines schwarzen Lochs“, sagte Travon. „Die Reise zu meinem Heimatplaneten dauert nicht länger als einen Atemzug.“

„Wie ist das möglich?“, fragte Timara. „Um von der Erde nach Akkaron zu gelangen, braucht allein das Licht viele Jahre, und nichts kann sich schneller durch den Raum bewegen als Licht.“

Travon nickte: „Kein Reisender kann dem Licht auf seinem Weg vorauseilen. Und doch hat mein Volk herausgefunden, wie man in kurzer Zeit zu weit entfernten Sternen reist. Das Volk von Akkaron ist über alle Sterne hinweg für seinen Bergbau berühmt. Schon vor langer Zeit fanden wir auf unserem Heimatplaneten ein seltenes Erz, mit dem man den Raum zusammendrücken und dehnen kann, gerade so, wie ein Reisender es braucht. So könnte auch Mathilda schon bald auf Akkaron sein.“

„Und kann das Volk von Akkaron sie auch auf eine Reise um das schwarze Loch schicken, sodass sie in 100 Jahren wohlbehalten mit dem Lebenswasser zurückkehrt?“, wandte die Königin sich an Travon.

Travon wiegte den Kopf hin und her. „Zum schwarzen Loch zu fliegen, ist gefährlich und erfordert großen Mut. Auch müsste Mathilda die Fahrt allein unternehmen. Denn niemand auf Akkaron wird seine Lieben verlassen, um erst viele Jahre später wiederzukehren.“

„Ich will es trotzdem versuchen“, sagte Mathilda und sah zunächst die Elfenkönigin, dann Travon an.

„Mathilda muss nicht allein gehen“, setzte Elwin hinzu. „Ich werde sie begleiten.“

Die Königin nickte. „Gleich morgen früh soll mein erster Minister Protektron einen Schutzzauber über die Steine sprechen, in die Mathildas Eltern verwandelt wurden. So wird in den nächsten 100 Jahren keiner die Steine wegbewegen oder auch nur anrühren.“ Und zu Mathilda und Elwin gewandt fuhr sie fort: „Timara und Vitron werden euch auf der Wiese erwarten, wenn ihr mit dem Lebenswasser zurückkommt.“

Die Reise nach Akkaron

Inzwischen war es Nacht geworden, und der Himmel war mit Sternen übersät. Im Wald war es dunkel, einzig die Elfen leuchteten im spärlichen Mondlicht. Alle erhoben sich von ihren Moossitzen und gemeinsam gingen sie tiefer in den Wald hinein, immer weiter den Berg hinauf. Travon blickte stets zu Boden und schien immer froh, wenn er sich an Bäumen oder Steinen festhalten konnte. Der Gipfel des Bergs bestand aus Felsgestein. In den Stein hatten die Zwerge eine Vertiefung gemeißelt, so groß, dass gerade zwei von ihnen darin Platz fanden. Die Vertiefung war mit grünlichem Sand gefüllt, und Travon bedeutete Mathilda und Elwin, darin Platz zu nehmen. Die Königin überreichte Mathilda eine Tasche mit Vorräten. Darin verstaute diese mit großer Sorgfalt das Lebenswasser. Von Travon erhielt Mathilda einen Brief für den Präsidenten von Akkaron. Die Königin wünschte den beiden viel Glück. Und Travon sagte zum Abschied: „Ich bin nicht unsterblich und werde euch nicht mehr begegnen, wenn ihr zurückkommt. Aber ich werde euch nicht vergessen, solange ich lebe. Ich wünsche euch nun eine unbeschwerte Reise."

Mathilda hob den Kopf und sie sah die Sterne am Himmel auf sich zukommen. Gleichzeitig wurde sie leichter und einen Moment war es ihr, als ob sie schwebe. Dann wurde sie kräftig nach unten gedrückt und fand sich mit Elwin in einer Vertiefung wieder, ähnlich der, von der sie gekommen waren. „Wir sind geschwebt, ganz von allein!" rief sie begeistert. „Hast Du so etwas schon einmal erlebt?", fragte sie Elwin.

„Nein", antwortete dieser. „Aber ich weiß, dass es zwischen den Sternen kein oben und unten gibt. Da hält uns nichts fest und wir schweben völlig frei." Auf der Erde war es Nacht gewesen. Auf Akkaron hingegen herrschte noch Tag.

„Hier scheint ja noch die Sonne", sagte Mathilda.

„Ja", antwortete Elwin. „Dieses Licht kommt vom Stern Akkarit, der Heimatsonne Akkarons."

Es fiel Mathilda sehr schwer, aufzustehen und aus der Vertiefung herauszuklettern. Freundliche Zwerge kamen auf sie zu, streckten ihr die Hände entgegen und halfen ihr. „In Akkaron hat man eben richtigen Boden unter den Füßen", meinten sie lachend. „Das seid ihr wohl nicht gewohnt."

„Mein Name ist Akkon", stellte sich einer der Zwerge vor. „Wo kommt ihr her und was führt euch nach Akkaron?"

„Wir sind Mathilda und Elwin von der Erde", antwortete Elwin. „Uns schickt Travon. Er hat uns einen Brief an den Präsidenten Akkarons mitgegeben. Denn wir wollen zum schwarzen Loch reisen."

POST
SCHUHE

„Da habt ihr euch Großes vorgenommen“, erwiderte Akkon. „Ich werde euch zum Präsidenten führen.“

Sie gingen eine Steintreppe hinunter und gelangten so in die Stadt der Zwerge. Die Stufen waren niedriger und die Häuser kleiner, als Mathilda es von der Erde gewohnt war. Ja, sogar die Berge, die steil hinter der Stadt aufragten, kamen Mathilda ungewöhnlich niedrig vor. „Hier ist alles viel kleiner als auf der Erde“, sagte Mathilda, „selbst die Berge.“

„Auch die Bäume“, fügte Elwin hinzu und zeigte auf einen Baum mit breitem Stamm, der Mathilda nur leicht überragte.

Akkon nickte. „Das kommt daher, dass Akkaron alle Dinge stärker anzieht als euer Heimatplanet.“

Mathilda strengte das Gehen auf Akkaron sehr an. Auch Elwin musste sich beim Schweben plagen. „Auch das liegt an der Anziehung Akkarons“, erklärte ihnen Akkon. „Ihr fühlt euch hier viel schwerer als auf der Erde. Uns hingegen wird auf der Erde schwindlig, weil wir uns dort viel zu leicht fühlen.“

Mathilda nickte verständnisvoll. Sie dachte an Travons Unsicherheit im heimatlichen Wald. Auf Akkaron hingegen gingen alle Zwerge aufrecht und sicher.

Beim Haus des Präsidenten verabschiedete sich Akkon. Freundliche Zwerge empfingen sie und übergaben Travons Brief dem Präsidenten. Auf Akkaron war es gerade Abend geworden. Mathilda und Elwin waren sehr müde und freuten sich, als sie sich nach einer kleinen Stärkung in bequeme Betten legen durften. Mathilda dachte daran, was für ein guter Freund Elwin ihr geworden war. „Danke Elwin, ich bin so froh, dass Du mit mir gekommen bist", sagte sie noch und schon war sie eingeschlafen. Da leuchtete Elwin noch ein bisschen heller als gewöhnlich, so sehr freute er sich.

Als Mathilda und Elwin am nächsten Morgen zum Präsidenten kamen, stellte er ihnen die Zwerge Kundli und Wundli vor. Die beiden waren Forscher, die sich schon lange mit dem schwarzen Loch in der Nähe Akkarons beschäftigt hatten. „Diese Reise zum schwarzen Loch ist eine gefährlich Sache“, warnte Kundli. „Noch niemand von Akkaron ist je dem schwarzen Loch so nahe gekommen.“

„Doch nur so kann ich meine Eltern retten“, sagte Mathilda. „Deshalb werde ich die Reise wagen.“

„Und ich mit ihr“, versicherte Elwin.

„Ich bin sicher, euer Vorhaben wird euch gelingen“, sagte da aufmunternd Wundli. „Unsere Vorfahren haben einmal Pilze in einem Raumschiff um das schwarze Loch geschickt. Hundert Jahre später kehrte das Raumschiff zurück. Ich habe selbst von den Pilzen gekostet. Sie schmeckten ganz und gar frisch! Auch ihr werdet also mit eurem kleinen Trick Erfolg haben."

Der Präsident der Zwerge ergriff wieder das Wort: „So werden Kundli und Wundli euch nun zu dem Raumschiff führen, das seit heute Morgen für eure Reise bereit steht. Sie werden euch alles erklären, was ihr über den Flug wissen müsst. Wir werden die Nachricht über eure Reise unseren Nachfahren hinterlassen. Diese werden euch auf die Erde zurückschicken, sobald ihr wieder auf Akkaron ankommt."

Das schwarze Loch

Elwin und Mathilda bedankten sich beim Präsidenten der Zwerge und folgten Kundli und Wundli auf einen freien, riesigen Platz. Das Raumschiff sah aus wie ein ungeheuer dicker, liegender Baumstamm. Es war ganz und gar aus glänzendem Metall und an einer Seite zugespitzt. Kundli und Wundli hatten es selbst gebaut. Eine breite Treppe führte ins Innere. Hinter einem großen Fenster befanden sich zwei gepolsterte Sitze. Mathilda setzte sich auf einen davon, und Kundli half ihr, sich anzuschnallen. Der andere Sitz war viel zu groß für Elwin. Doch Wundli gelang es, den kleinen Elf an der Kopfstütze festzubinden. Vor sich erblickte Mathilda eine Tafel mit zwei Knöpfen. „Wenn Du den linken Knopf drückst, wird das Raumschiff starten", erklärte ihr Kundli. „Das Schiff wird das schwarze Loch umrunden und dann wieder in Richtung Akkaron zurückfliegen. Solange die Gefahr besteht, dass das schwarze Loch euch verschlingt, wird ein rotes Lämpchen blinken. Wenn das Lämpchen nicht mehr blinkt, darfst Du den rechten Knopf drücken. Dann wird das Raumschiff langsamer und fliegt zum nächsten Stern, der auf seinem Weg liegt. Dieser Stern ist Akkarit, der Stern, um den auch unser Planet Akkaron kreist. Das Schiff steuert den vierten Planeten an, das ist Akkaron. So werdet ihr wohlbehalten ankommen. Aber hütet euch, den rechten Knopf zu drücken, solange das rote Lämpchen blinkt! Sonst bremst das Schiff zu nahe beim schwarzen Loch ab, und ihr werdet unweigerlich hineingezogen."

„Es ist aufregend, so eine abenteuerliche Reise vor sich zu haben", meinte Wundli.

„Aber auch ihr habt ein interessantes Leben, so nahe bei einem schwarzen Loch, das ihr erforschen könnt", entgegnete Elwin.

Doch Kundli schüttelte besorgt den Kopf. „Mir wäre lieber, mein Heimatplanet läge an einem ruhigeren Ort, kleiner Elf. Das schwarze Loch ist gar zu gefährlich."

„Viel Glück auf eurer Reise wünschen wir euch", ergriff Wundli wieder das Wort.

„Und gebt gut acht", mahnte Kundli noch einmal.

„Vielen, vielen Dank", sagten Elwin und Mathilda.

Als Kundli und Wundli gegangen waren, drückte Mathilda den linken Knopf. Die Spitze des Schiffs stellte sich auf, und Mathilda und Elwin kippten in ihren Sitzen nach hinten. Mit großer Geschwindigkeit schoss das Schiff senkrecht nach oben, und eine ungeheure Kraft presste die beiden in ihre Sitze. Schließlich ließ die Kraft nach, und Mathilda hatte wieder das Gefühl zu schweben, wie bei ihrer Reise nach Akkaron. Das Schiff umkreiste den Planeten, und Elwin und Mathilda warfen einen Blick zurück auf Akkaron und seine Sonne Akkarit, bevor das Schiff auf das schwarze Loch zusteuerte.

Nach einigen Stunden tauchte auf der rechten Seite des Sichtfensters ein dunkler Punkt auf. Zur selben Zeit begann die rote Lampe zu blinken. Von allen Seiten stürzten schwere Gesteinsbrocken auf den schwarzen Punkt zu. Einige von ihnen trafen das Schiff, das unter dem Aufprall erzitterte. Doch das Schiff richtete seine Spitze immer wieder in seine ursprüngliche Richtung aus. „Ein gutes Schiff haben Kundli und Wundli gebaut", lobte Mathilda.

„Und sie haben auch daran gedacht, uns sorgfältig anzuschnallen", sagte Elwin.

Der schwarze Punkt auf der Seite des Fensters wurde größer und größer, bis es schließlich vor dem Seitenfenster neben Mathilda gänzlich schwarz wurde. Da flog das Schiff eine Kurve und die Dunkelheit ließ langsam nach. Elwin und Mathilda sahen einander erleichtert an. „Ich glaube, wir haben es geschafft", sagte Elwin. „Noch hat das Lämpchen nicht zu blinken aufgehört", erwiderte Mathilda vorsichtig. Dennoch öffnete sie die Tasche, in der sie das Lebenswasser verstaut hatte und holte die Vorräte der Elfenkönigin hervor.

„Ich fühle mich schon fast wie zu Hause", sagte Elwin, während er an einem Würfel aus fein gesponnenem Elfenzucker lutschte. „Aber was ist denn das!", rief er aus und hätte sich beinahe verschluckt. „Dieser Stern sieht ja aus wie Akkarit!", und er deutete aus dem Fenster.

„Und sein vierter Planet könnte Akkaron sein", gab Mathilda ihm recht.

„Wie sollen wir nun nach Akkaron gelangen?", fragte Elwin besorgt. Denn immer noch blinkte das rote Lämpchen. Der Stern verschwand vom Sichtfenster. Sie warteten lange, bis endlich die Lampe zu blinken aufhörte. Mathilda und Elwin sahen sich um. Doch sie konnten keinen Stern erblicken, der so aussah wie Akkarit.

Die Heimkehr

„Wir wollen nun auf jeden Fall landen“, meinte Mathilda. „Vielleicht findet das Raumschiff ja doch nach Akkaron.“ Und sie drückte den rechten Knopf. Das Raumschiff steuerte auf einen Stern zu und begann, den vierten Planeten zu umkreisen. Langsam ging es tiefer, stellte sich schräg und glitt zu Boden, wo es schließlich zum Stillstand kam. Der Planet, auf dem sie gelandet waren, war nicht Akkaron. Der Platz, auf dem ihr Raumschiff stand, war mit Sand bedeckt. Aus dem Sichtfenster sahen sie riesige Berge aufragen. Als Mathilda aus dem Raumschiff ins Freie kletterte, fühlte sie sich schwindlig. Es kam ihr vor, als würden ihre Füße keinen Halt finden. Mathilda richtete ihren Blick zu Boden und stützte sich an der Außenwand des Raumschiffs ab.

„Du gehst ja wie die Zwerge auf der Erde“, sagte Elwin zu ihr. „Und auch mir ist, als würde ich jeden Augenblick davonschweben.“ Der Elf hielt sich vorsichtshalber an Mathildas Schulter fest.

„Das heißt, wir sind auf einem Planeten, der uns weniger anzieht als die Erde“, stellte Mathilda fest.

„Auch die Berge sind hier viel höher als auf der Erde“, setzte Elwin hinzu.

„Und die Bewohner dieses Planeten“, ergänzte Mathilda, „müssen sehr …“ „Pst“, konnte Elwin ihr gerade noch ins Ohr flüstern, da stand auch schon eine Riesin vor ihnen.

„Willkommen auf Aruga!“, begrüßte sie die beiden Reisenden. „Mein Name ist Maralwa. Wer seid ihr und wo kommt ihr her?“

„Wir sind Elwin und Mathilda von der Erde“, antwortete Mathilda. „Wir haben uns verirrt, denn wir wollten nach Akkaron.“

„Nach Akkaron?!“, fragte die Riesin ungläubig. „Das ist nicht möglich! Niemand will mehr nach Akkaron. Und niemand lebt mehr dort. Schon seit vielen Jahren nicht.“

„Wo sind die Bewohner von Akkaron?“, fragte Elwin.

„Der Stern Akkarit und alle seine Planeten werden ins schwarze Loch gezogen“, erzählte die Riesin. „Dies sagte schon vor 100 Jahren der große akkarische Forscher Kundli voraus. Aber niemand wollte

seinen Warnungen Glauben schenken. Als vor 50 Jahren, lange nach Kundlis Tod, Akkaron immer schneller dem schwarzen Loch zustürzte, mussten seine Bewohner Hals über Kopf fliehen. Es blieb keine Zeit mehr, einen neuen Heimatplaneten für alle zu suchen. Deshalb lebt das Volk von Akkaron heute über viele Planeten verstreut."

„So war der Stern, den wir gesehen haben also tatsächlich Akkarit", sagte Elwin.

Mathilda nickte. „Kundli muss schon Bescheid gewusst haben, als wir Akkaron verließen", erinnerte sie sich. „Warum nur haben die Zwerge ihm nicht geglaubt?!"

„Wie könnt ihr Kundli gekannt haben?", fragte die Riesin verwundert.

„Er hat gemeinsam mit Wundli dieses Schiff gebaut und uns auf die Reise um das schwarze Loch geschickt", erklärte Elwin.

„So seid also ihr die beiden Erdlinge, die Kundli vor 100 Jahren auf die Reise geschickt hat!", rief Maralwa. „Kundli war sehr besorgt um euch. Er wusste, dass ihr vielleicht nicht auf Akkaron landen könnt. So hat er an alle umliegenden Planeten Nachricht geschickt, wohin ihr zurückzubringen seid. Es ist eine große Ehre für Aruga, für euer glückliches Heimkommen zu sorgen. Doch wollt ihr nicht zuerst noch ein wenig als unsere Gäste bleiben?"

„Dies ist sehr freundlich", entgegnete Elwin. „Wir würden gerne bleiben. Jedoch wartet auf der Erde eine dringende Aufgabe auf uns."

„So wünsche ich euch dafür alles Gute", antwortete Maralwa. Sie hob die beiden auf und setzte sie in eine tiefe Grube.

„Danke und auf Wiedersehen!", riefen Elwin und Mathilda, sie winkten von unten der Riesin zu.

„Eine unbeschwerte Heimreise", verabschiedete sich Maralwa.

Einen Atemzug später saßen die beiden wieder in der Felsmulde auf ihrem heimatlichen Berg. Die Tasche mit dem Lebenswasser hielt Mathilda fest an sich gepresst. Elwin und Mathilda kletterten aus der Mulde. Mathilda lief bergab durch den Wald zur Wiese hinunter. Neben ihr schwebte Elwin. Am Waldrand warteten Vitron und Timara auf sie. Sie umarmten Elwin und streiften Mathilda mit ihren Flügeln. „Wir haben uns solche Sorgen um euch gemacht, als wir die schlimme Nachricht von Akkaron erfuhren. Wir freuen uns sehr, euch zu sehen!", sagte Timara.

Gemeinsam mit Vitron ging Mathilda zu dem Platz, an dem ihre Eltern verwunschen worden waren. Die Steine lagen unversehrt da, nicht einmal Moos wuchs auf ihnen. Mit klopfendem Herzen nahm Mathilda das Fläschchen mit Lebenswasser aus ihrer Tasche.

„Es ist so weit, die 100 Jahre sind nun um“, sagte Vitron. „Gieße die Hälfte des Wassers über den Stein deines Vaters, die andere Hälfte über den Stein deiner Mutter.“

Dies tat Mathilda. Da wurden aus den Steinen wieder menschliche Körper. Mathildas Vater und Mutter standen vom Boden auf. Voll Freude umarmten sie Mathilda. „So hast du uns also erlöst?“, fragte der Vater. Mathilda nickte. „Mit Hilfe der Elfen ist es mir gelungen.“ Und sie stellte den Eltern Timara, Vitron und Elwin vor.

„Wie lange waren wir versteinert?“, fragte die Mutter. Da führte Timara die beiden zum Aussichtspunkt und zeigte ihnen ihr Dorf.

„Dies ist nicht unser Dorf!“, rief der Vater. „Die Häuser sehen anders aus und ich kann auch unser Haus nicht finden.“

„Dies ist euer Dorf“, antwortete Timara. „Inzwischen sind 100 Jahre vergangen.“

Die Elfen halfen Mathilda und ihren Eltern, ihr Leben auf der Erde fortzusetzen. Mathilda und Elwin aber blieben Freunde. Beide wollten gerne wieder zu anderen Planeten reisen. Doch die Zwerge besuchten die Erde nicht mehr und niemand wusste, wo man solch besonderes Erz finden konnte. Wenn Mathilda groß war, wollte sie so lange suchen, bis sie eine Möglichkeit fand, zu anderen, weit entfernten Planeten zu gelangen.

Erklärungen

Die Erde hält uns fest

Unsere Welt heißt Erde. Die Häuser, die Bäume, die Straßen, die Flüsse, die Dörfer und Städte, die wir kennen, befinden sich auf der Erde. Auch die hohen Berge, die großen Meere, die Wüsten, wo es sandig und sehr heiß ist, und die Pole, wo es eisig und sehr kalt ist, gehören zur Erde.
Die Erde ist rund wie ein Ball. Das fällt uns nur deshalb nicht auf, weil sie so groß ist. Wenn ihr immer geradeaus geht, sehr, sehr weit und sehr, sehr lang, kommt ihr wieder dort an, von wo ihr weggegangen seid. Allerdings würde das sehr lange dauern und euer Weg würde über sehr viel Wasser führen, denn auf der Erde gibt es mehr Wasser als Land. Ein Flugzeug hingegen braucht nur zwei Tage, um einmal rund um die Erde zu fliegen.
Die Erde ist nicht nur sehr groß, sondern auch sehr schwer. Deshalb kann sie alle Dinge und Lebewesen auf sich festhalten. Alle Dinge auf der Erde, die wir kennen, die großen und die kleinen, die schweren und die leichten, ziehen einander an. Nur merken wir nichts davon, denn sie ziehen einander nur ein ganz klein wenig an, weil sie alle nicht schwer genug sind.
Woran merkt man, dass zwei Dinge einander anziehen? Sie bewegen sich aufeinander zu. Gäbe es neben der Erde noch eine andere Erde, gleich groß und gleich schwer, so würden die beiden Erden aufeinander zufliegen und zusammenstoßen. Oder sie würden einander umtanzen und keine könnte die andere verlassen.
Wenn allerdings ein viel leichteres und ein viel schwereres Ding einander anziehen, bewegt sich nur das leichtere und das schwerere hält das leichtere fest. Deshalb fällt alles, was wir nicht festhalten, auf den Boden: Es wird von der Erde angezogen. Die Erde hält alles auf ihr fest. Unten bedeutet immer zur Erde hin, oben von der Erde weg. Wenn wir ganz weit weg von der Erde sind, kann sie uns nicht mehr festhalten. Dann gibt es kein oben und unten mehr: Wir schweben.

Erde, Sonne und Mond

Die Sonne versorgt die Erde mit Licht und Wärme. Gäbe es die Sonne nicht, so wäre es auf der Erde immer dunkel und ungeheuer kalt. Die Erde besteht aus Sand, Gestein und Metall. Sie kann von selbst nicht leuchten. Auf der Sonne hingegen kann es nichts Festes und nichts Flüssiges geben. Die Sonne strahlt Licht und Wärme ab, sie ist ein Stern.
Die Erde dreht sich um sich selbst. Dabei wird einmal die eine, einmal die andere Seite von der Sonne angestrahlt. So werden auch wir einmal zur Sonne hin, dann wieder von ihr weggedreht. Sehen wir zur Sonne hin, ist es Tag. Sehen

wir von ihr weg ist es dunkel, das heißt, es ist Nacht. Wenn bei uns Tag herrscht, haben die Menschen auf der anderen Seite der Erde Nacht und umgekehrt. Die Erde braucht 24 Stunden, um sich um sich selbst zu drehen, das sind ein Tag und eine Nacht. Wenn wir jeden Tag um die gleiche Zeit etwas tun, zum Beispiel zu Mittag essen, so hat sich jedes Mal dazwischen die Erde genau einmal um sich selbst gedreht.
Die Sonne ist viel größer als die Erde und so schwer, dass sie die Erde festhalten kann. Deshalb umkreist die Erde die Sonne. Die Erde braucht ein Jahr, bis sie wieder an derselben Stelle ist. Ein Jahr ist jedes Mal vergangen, wenn ihr Geburtstag habt.
Wenn ihr in der Nacht zum Himmel hinaufschaut, könnt ihr meistens den Mond sehen. Manchmal seht ihr ihn als große, runde Scheibe. Ein anderes Mal ist nur die Hälfte zu sehen. Es kommt vor, dass ihr nur die Mondsichel zu sehen bekommt, die sieht in etwa so aus wie ein Kipferl. Es kommt aber auch vor, dass ihr den Mond gar nicht am Himmel finden könnt, auch wenn keine einzige Wolke am Himmel ist. Der Mond ist kleiner und leichter als die Erde. Er ist um so viel leichter, dass die Erde ihn festhalten kann. Der Mond umkreist die Erde. Der Mond leuchtet nicht selbst, genauso wenig wie die Erde. Wir sehen ihn nur, weil er von der Sonne angeleuchtet wird. Der Mond sieht auch nicht wirklich wie eine Scheibe oder ein Kipferl aus. Er ist genauso rund wie die Erde. Nur für uns sieht er immer anders aus, weil wir immer nur das Stück sehen, das von der Sonne angeleuchtet wird. Wenn wir den Mond als runde Scheibe sehen, sagen wir, es ist Vollmond. Von einem Vollmond bis zum nächsten dauert es vier Wochen. Das ist genau die Zeit, die der Mond braucht, um einmal die Erde zu umkreisen.

Sterne und Planeten

Am Nachthimmel könnt ihr nicht nur den Mond finden, sondern auch viele funkelnde Lichtpunkte sehen. Die meisten sind Sterne wie unsere Sonne. Auch sie leuchten von selbst und sind sehr heiß, manche von ihnen sind sogar noch heller und heißer als unsere Sonne. Nur weil sie so weit weg sind, schauen sie so winzig aus.
Aber nicht alle Lichtpunkte am Himmel sind Sterne. Manche sind Planeten, ebenso wie unsere Erde ein Planet ist. Denn so wie die Erde um die Sonne kreist, tun dies auch Venus und Mars, Jupiter und Pluto und einige andere Planeten. Es gibt auch viele kleine Gesteinsbrocken, die um die Sonne kreisen. Diese nennt man Planetoiden. Sie alle leuchten nicht von selbst, sie sind viel leichter als die Sonne, werden von ihr festgehalten und angestrahlt. Wir können sie sehen, weil das Licht der Sonne auf sie fällt.
Von diesen Planeten ist keiner wie der andere, jeder sieht ein bisschen anders aus und auf keinem ist es so wie auf der Erde. Die Erde liegt zwischen Venus und Mars. Auf der Venus ist es sehr, sehr heiß, sie dreht sich sehr langsam um

sich selbst. Ein Tag und eine Nacht auf der Venus dauern so lange wie acht Monate auf der Erde. Der Mars ist in etwa halb so groß wie die Erde. Ein Tag dauert dort ungefähr so lange wie bei uns. Auf dem Mars gibt es nichts als eine steinige, rote Wüste. Jupiter hingegen ist viel größer und viel schwerer als die Erde, ja er ist überhaupt der größte Planet, der um die Sonne kreist. Auf diesem Planeten gibt es gar keinen festen Grund. Wer sich dem Planeten nähert, trifft zunächst nur auf Gas, dann auf Flüssigkeit. Jupiter braucht länger als die Erde, um die Sonne einmal zu umkreisen. Ein Jahr auf dem Jupiter dauert so lange wie zwölf Jahre auf der Erde.

Nicht alle Planeten ziehen die Dinge auf ihrer Oberfläche gleich stark an. Auf einem Planeten, der euch weniger anzieht als die Erde, würdet ihr euch viel leichter fühlen, ein bisschen als würdet ihr schweben. Auf einem Planeten, der euch stärker anzieht, wäre es sehr anstrengend für euch. Ihr hättet dauernd das Gefühl, als würde euch etwas nach unten drücken. Auf dem Mars zum Beispiel würdet ihr euch leichter als auf der Erde fühlen, auf dem Jupiter hingegen mehr als doppelt so schwer.

Schon seit vielen tausend Jahren beobachten die Menschen die Sterne am Himmel. Auch dass andere Planeten gemeinsam mit der Erde um die Sonne kreisen, wissen wir schon seit langer Zeit. Aber eine Frage blieb lange offen: Haben auch andere Sterne Planeten? Auf diese Frage konnte lange niemand Antwort geben. Die Sterne leuchten sehr hell. Da macht es nichts aus, dass sie so weit entfernt sind, wir können sie trotzdem sehen. Die Planeten, die von unserer Sonne angeleuchtet werden, strahlen dadurch lange nicht so hell wie die Sterne. Dafür sind sie sehr nahe, viel, viel näher als die fernen Sterne, und wir können auch sie sehen. Die Planeten ferner Sterne aber müssen sehr, sehr weit weg sein und strahlen trotzdem nur ganz schwach. Wie sollte es da jemals möglich sein, sie zu entdecken? Lange schon nahmen die Menschen Geräte (Fernrohre und Teleskope) zu Hilfe, um die Sterne zu beobachten, und konnten doch keine fernen Planeten damit sehen. Erst vor einigen Jahren (1995) fanden Forscher die ersten Planeten, die um ferne Sterne kreisten. Man kann diese Planeten nicht richtig sehen, aber man erkennt sie daran, dass sie die Sterne, um die sie kreisen, ein ganz klein wenig zum Wackeln bringen. Seither entdeckt man immer mehr von ihnen. Man weiß auch schon, dass manche aus Gas sind und andere ihre Sterne viel, viel schneller umkreisen als die Erde die Sonne. Natürlich habt ihr schon längst erraten, wonach die Forscher am eifrigsten Ausschau halten: Nach Planeten, die ein bisschen so aussehen wie die Erde. Denn dann könnte es dort ja vielleicht Wesen geben wie uns ...

Gibt es Lebewesen auf anderen Planeten?

Da die Gesetze der Physik, Chemie und Biologie im gesamten Universum zu allen Zeiten gleich sind, denken Forscher, dass Leben automatisch entsteht,

wenn die richtigen Bedingungen vorhanden sind. Unter sehr vielen Planeten gibt es nur wenige, auf denen Leben entstehen kann. Aber auf ausreichend vielen Planeten über ein paar Milliarden Jahre muss Leben entstehen. Die Außerirdischen, die wir im Film sehen, entspringen nicht nur der Fantasie der Filmemacher, sondern Forscher wie Carl Sagan, Stephen Hawking oder Francis Drake beraten die Regisseure und sagen den Filmemachern, was richtig, möglich oder falsch ist. So hängt das Aussehen von außerirdischen Lebewesen von der Größe des Planeten, seiner Temperatur und der Helligkeit der Sonne ab. Mit der Physik und Biologie kann man sich ausrechnen, wie Lebewesen auf anderen Planeten aussehen. Die Lebewesen auf leichten Planeten werden größer und auf schweren Planeten kleiner. Ist der Planet heiß, sind die Außerirdischen dunkelhäutig, ist es kalt, so haben sie eine helle Haut.

Alle Lebewesen benötigen Nahrung und Luft zum Leben. Nahrung und Luft müssen in den Körper gelangen. Leider können wir nicht berechnen, ob sie einen oder drei Münder für das Atmen, Essen oder Sprechen haben, aber mindestens einen Mund müssen sie haben.

Seit rund 50 Jahren gibt es Forschungsprojekte, die nach Signalen von Außerirdischen suchen. Das bekannteste und teuerste ist das Projekt SETI (Search for Extraterrestrial Intelligence). Dabei suchen Forscher mit sehr empfindlichen Radios das Universum nach Signalen von Außerirdischen ab. Doch das Universum ist extrem groß, und unsere Geräte sind noch nicht empfindlich genug und so haben sie noch kein Signal entdeckt. Aber wer weiß, vielleicht werdet ihr einmal von solchen Signalen von Außerirdischen erfahren?

Raumfahrt

Vor ungefähr 100 Jahren begannen die Menschen, über Fahrzeuge nachzudenken, mit denen man von der Erde weg zu anderen Planeten fliegen kann. Solche Fahrzeuge heißen Raketen. Eine Rakete muss höher und schneller fliegen können als jedes Flugzeug. Nur dann ist es möglich, der Anziehung der Erde zu entkommen.

Im Inneren einer Rakete werden zwei Flüssigkeiten verbrannt. Dabei entsteht ein heißes Gas. Dieses Gas strömt hinten aus der Rakete heraus und drückt die Rakete nach vorne. So kann die Rakete zum Himmel aufsteigen.

Die ersten Raketen wurden in Deutschland gebaut. Sie stiegen aber nicht hoch genug und konnten sich nicht lange in der Höhe halten. Schon nach kurzer Zeit stürzten sie wieder auf die Erde. Manche Raketen explodierten, weil es mit der Verbrennung nicht klappte.

Schließlich gelang es in der Sowjetunion, eine große Rakete zu bauen. Diese Rakete konnte aufsteigen und einen kleinen Gegenstand rund um die Erde schießen. Solche Gegenstände, die von Menschen gebaut wurden und die Erde umkreisen, heißen Satelliten. Die Sowjetunion nannte ihren Satelliten Sputnik.

Später baute die Sowjetunion eine noch größere Rakete. Auf ihrer Spitze befand sich eine kleine Kapsel. In dieser Kapsel hatte ein Mensch Platz. Mit dieser Rakete wurde am 12. April 1961 zum ersten Mal ein Mensch ins Weltall geschossen. Die Rakete hieß Wostok 1. Der Mensch war Juri Gagarin. Er umkreiste einmal die gesamte Erde in nur 90 Minuten.
Am 16. Juli 1969 haben erstmals Menschen den Mond besucht. Mit der größten Rakete, die jemals gebaut wurde (über 110 Meter hoch) reisten drei US-Amerikaner zum Mond. Dort stiegen zwei von ihnen (Neil Armstrong und Aldrin Collins) in eine kleinere Rakete. Diese Rakete brachte die beiden auf die Mondoberfläche. Dort gingen sie spazieren und sammelten Mondgestein auf. Mit diesem Mondgestein hoffte man, manche Rätsel des Universums erklären zu können. Nach einem Tag stiegen sie wieder in die kleine Rakete und reisten zur Kapsel der großen Rakete zurück, die in der Zwischenzeit rund 100 km über dem Mond geparkt hatte. Die Kapsel der großen Rakete brachte sie wieder wohlbehalten zur Erde. Bisher sind nur zwölf Menschen auf dem Mond gewesen, denn es ist extrem teuer, dorthin zu reisen.
Menschen, die ins All fliegen, werden Astronauten (bzw. Kosmonauten) genannt. Am Anfang der Raumfahrt wusste man noch nicht, ob der Mensch im Weltraum überhaupt leben kann. Es stellten sich viele Fragen: Kann der Mensch im All essen? Kann man dort draußen auch schlafen? Wie lange kann man im All bleiben? Wenn man sich im All befindet und die Erde umkreist, wiegt man nichts mehr. Man ist schwerelos. Auch alle anderen Gegenstände sind schwerelos. Heute wissen wir, dass man im All fast genauso leben kann wie auf der Erde. Man muss nur sehr viel Sport betreiben, denn sonst schrumpfen die Muskeln und die Knochen brechen leichter.
Später haben die Menschen Raumstationen gebaut, die um die Erde kreisten. Derzeit umkreist die internationale Raumstation ISS die Erde. Sie fliegt in rund 350 Kilometer Höhe, so schnell, dass sie die Erde in nur 86 Minuten umrundet. Dort leben ständig drei bis sechs Astronauten. Diese machen viele Experimente und erforschen die Schwerelosigkeit.
Zu anderen Planeten ist noch kein Mensch gereist. Aber es wurden schon Roboter zum Mars und zur Venus geschickt. Vielleicht wird es Menschen einmal gelingen, zum Mars und sogar viel weiter zu reisen.

Schwarze Löcher und seltsame Reisen

Sicher habt ihr schon mit feuchtem Sand gespielt. Vielleicht seid ihr dabei auf die Idee gekommen, eine kleine Kugel zu formen und ganz fest zusammenzudrücken. Oder ihr habt dasselbe mit Plastilin probiert oder mit Keksteig. Ihr habt gedrückt und gedrückt, bis es nicht mehr ging, weil ihr keine Kraft mehr hattet. Andere, die stärker sind als ihr, könnten so eine Kugel vielleicht noch mehr zusammendrücken. Aber auch ihnen würde schließlich die Kraft ausge-

hen. Man könnte Maschinen benützen, die solch eine Kugel zusammendrücken, immer weiter und immer weiter. Drückt man sie nur fest genug zusammen, würde schließlich etwas höchst Seltsames passieren: Die Kugel würde von alleine zu einem Punkt schrumpfen, und dieser Punkt würde alles verschlingen, das ihm zu nahe kommt. Solch einen Punkt nennt man ein schwarzes Loch. Noch niemand auf der Erde konnte solch ein schwarzes Loch erzeugen oder ist jemals einem solchen nahe gekommen. Wahrscheinlich entstehen aber solche schwarzen Löcher, wenn sehr schwere Sterne in sich zusammenstürzen. Es ist nicht leicht, solch ein schwarzes Loch am Himmel zu finden. Es leuchtet selber nicht, und sogar Licht verschwindet in ihm auf Nimmerwiedersehen.

Vielleicht fragt ihr euch jetzt, wie man auf die Idee mit dem Zusammendrücken und dem schwarzen Loch überhaupt gekommen ist. Nun, das kam so: Vor ungefähr 100 Jahren lebte ein Forscher namens Albert Einstein. Der dachte nicht über das Zusammendrücken von kleinen Kugeln nach, sondern über das Reisen und über die Geschwindigkeit. Wenn ihr schnell von einem Ort zum anderen wollt, beginnt ihr zu laufen, dann seid ihr früher am Ziel. Ihr wisst, dass man auch mit dem Rad fahren kann, um noch schneller zu sein. Und schneller als mit dem Rad ist man mit dem Zug oder dem Auto, und am schnellsten mit dem Flugzeug. Albert Einstein überlegte, wie es erst sein müsste, so schnell zu reisen wie das Licht oder gar noch schneller. Und er entdeckte, dass niemand schneller reisen kann als Licht. Aber das war noch nicht alles, was er über das Reisen herausfand. Wenn nämlich jemand auf Reisen geht, ist er ein ganz klein wenig jünger, wenn er zurückkommt, als wenn er zu Hause geblieben wäre. Seine Uhr zeigt an, dass ein bisschen weniger Zeit vergangen ist als auf den Uhren der Leute, die zu Hause geblieben sind. Dies können wir aber nur sehen, wenn wir sehr schnell reisen (zum Beispiel mit dem Flugzeug) und ganz besonders genaue Uhren haben. Diese Entdeckungen des Herrn Einstein riefen große Verwunderung hervor, und anfangs wollte ihm niemand glauben. Erst nach und nach sahen die Leute, dass er recht hatte.

Aber Herr Einstein ließ es damit nicht genug sein. Er begann auch über das Reisen in der Nähe von sehr schweren Dingen nachzudenken, von Dingen, die so schwer sind wie unsere Sonne zum Beispiel oder noch schwerer, wie andere Sterne. Dabei entdeckte er noch viel Erstaunliches. Zum Beispiel fand er heraus, dass die Zeit langsamer vergeht, wenn wir an etwas vorbeifliegen, das uns ganz stark anzieht.

Nun begannen viele Menschen, über all die interessanten Dinge nachzudenken, die Herr Einstein da herausgefunden hatte. Und sie überlegten, was diese uns über die Sterne sagen könnten, die wir am Himmel sehen. So lernten sie sehr viel über die Sterne und kamen schließlich auch auf die Idee mit dem schwarzen Loch.